筑·记

筑　创作的实录
记　未来的起点

庄惟敏

中国建筑工业出版社

庄惟敏

1962年10月生于上海，1985年清华大学建筑学本科毕业，获工学学士，1990.03~1991.09日本国立千叶大学留学，1992年3月清华大学博士毕业，获工学博士学位。

现任清华大学建筑设计研究院院长、总建筑师，国家一级注册建筑师，注册咨询师，兼任清华大学建筑学院教授、博士生导师。中国建筑学会资深会员，中国建筑学会常务理事，中国建筑学会建筑师分会副理事长，中国建筑学会建筑师分会理论与创作专业委员会副主任委员，中国勘察设计协会高等院校勘察设计分会常务理事、副会长，全国高等学校建筑学专业教育评估委员会委员，国际建协（UIA）理事、国际建协职业实践委员会（UIA-PPC）联席主席，APEC建筑师中国监督委员会委员。2008年被中华人民共和国住房和城乡建设部授予国家设计大师称号。

著有《建筑策划导论》、《建筑设计的生态策略》、《建筑设计与经济》、《国际建协建筑师职业实践政策推荐导则》、《2009中国城市住宅发展报告》等专著，已发表学术论文一百余篇。曾主持中国美术馆改造工程、世界大学生运动会游泳跳水馆、2008北京奥运会国家射击馆、飞碟靶场和柔道跆拳道馆等重大工程的设计工作。中国美术馆改造工程项目曾获国家金奖，2008北京奥运会射击馆、清华科技园科技大厦、乔波冰雪世界滑雪馆及配套会议中心获国家银奖，清华大学专家公寓获国家铜奖，并多次获国家及省部级优秀设计奖、学会建筑创作奖。

ZHUANG Weimin

Born in October 1962 in Shanghai, Zhuang Weimin graduated from Department of Architecture in Tsinghua University in 1985 and received his Bachelor's Degree in Architecture. From March 1990 to January 1991, he studied at Chiba University in Japan. He finished his doctorate study and received his Doctor's Degree at Tsinghua University in 1992.

He is now the president and chief architect of Tsinghua Architectural Design and Research Institute, First Degree Registered Architect and Registered Consultant, at the same time a professor and supervisor of PhD students at School of Architecture of Tsinghua University. He is a senior member and executive councilor of Architectural Society of China, vice chairman of its Architect Branch, and vice director of Theory and Creative Work Committee, vice chairman and executive councilor of China Exploration & Design Association, and member of the National Architecture Education Evaluation Committee. He also acts as the councilor of International Union of Architects (UIA), president of Professional Practice Committee of UIA, member of APEC China's Architect Project Monitoring Committee. In 2008, he is awarded the title of China Design Master by the Ministry of Housing and Urban-Rural Development of China.

Among his publications, there are *Introduction on Architecture Programming*, *Ecological Strategies of Architectural Design*, *UIA Accord on Recommended International Standards of Professionalism in Architectural Practice* and *Annual Report on Urban Housing Development Report in China 2009*. He is also the author of more than a hundred published academic articles. He has been the Chief Architect of China National Art Gallery Renovation, Swimming and Diving Venue of World Universiade, Shooting Venue, Flying Saucer Shooting Range and Judo and Taekwondo Venue of 2008 Beijing Olympic Games. The National Art Gallery Renovation earned him a National Golden Award. Among the Silver Award winning projects by him, there are Shooting Venue of 2008 Beijing Olympic Games, Science & Technology Mansion of Tsinghua University Science Park, and Qiaobo Ski Museum and Convention Center. Expert House of Tsinghua University designed by him has received the National Bronze Award. Many of his works have also been given awards of provincial and departmental levels, as well as awards from the Architectural Association of China.

目 录
CONTENTS

未完结的对话　008 | 019
——庄惟敏、黄居正关于建筑及创作的讨论
An Unfinished Dialogue on Architecture and Creativity

华山游客中心　024 | 032
Huashan Mountain Tourist Center

万物生华，高山仰止
——华山游客中心设计
Imparting An Awe-Inspiring Glow to Huashan Mountain and All Its Surroudings
- Huashan Mountain Tourist Center

北京建筑工程学院经管—环能学院　036 | 045
School of Environment and Energy,
Beijing University of Civil Engineering and Architecture

钓鱼台七号院　048 | 055
Courtyard 7 of Diaoyutai State Guest House

钓鱼台国宾馆3号楼和网球馆　058 | 065
Tennis Hall of Villa 3 in Diaoyutai State Guest House

北川抗震纪念园幸福园展览馆　068 | 075
Happiness Hall, Beichuan Earthquake Memorial Park

长春中医药大学图书馆　078 | 083
Library of Changchun University of Chinese Medicine

云南财贸学院游泳馆　086 | 089
Natatorium of Yunnan Institute of Finance and Trade

浙江清华长三角研究院创业大厦　092 | 095
Chuangye Building of
Yangtze Delta Region Institute of Tsinghua University

丹东市第一医院　098 | 105
Dandong First Municipal Hospital

2008北京奥运会柔道、跆拳道比赛馆（北京科技大学体育馆）　108 | 118
Judo and Taekwondo Venue of 2008 Beijing Olympic Games
(Sports Stadium of Beijing University of Science and Technology)

是奥运的，更是校园的
——2008北京奥运会柔道、跆拳道馆（北京科技大学体育馆）设计
For the Olympic Games and For the Campus
- Judo and Taekwondo Venue of 2008 Beijing Olympic Games
(Sport Stadium of Beijing University of Science and Technology)

2008北京奥运会射击馆　126 | 140
Shooting Venue of 2008 Beijing Olympic Games

国家象征的思考与本原语境的回归——2008北京奥运会射击馆设计
Reflections on National Symbolism and Return of the Original
Context - Shooting Venue of 2008 Beijing Olympic Games

2008北京奥运会飞碟靶场　148 | 156
Flying Saucer Shooting Range of 2008 Beijing Olympic Games

设计后的思考：奥运语境与国家尊严
Post-Design Thinking: the Context of Olympic Games and National Dignity

成都金沙遗址博物馆　160 | 170
Chengdu Jinsha Relics Museum

金沙遗址博物馆的创新探索
Creative Efforts in the Design of Chengdu Jinsha Relics Museum

清华大学专家公寓(一/二期)　174 | 181
Expert House of Tsinghua University

乔波冰雪世界滑雪馆及配套会议中心　184 | 190
Beijing Qiaobo Ski Museum

从复杂到简单的蜕变——乔波冰雪世界滑雪馆及配套会议中心
From Complexity to Simplicity - Beijing Qiaobo Ski Museum

清华科技园科技大厦 Science & Technology Mansion of Tsinghua University Science Park	196 | 202	空间的叙事性与场所精神——清华科技园科技大厦 Spatial Narrative and Genius Loci - Science & Technology Mansion of Tsinghua University Science Park
清华大学信息技术研究院 Institute of Information Technology of Tsinghua University	208 | 213	
清华大学西区学生服务廊 Student Service Veranda in Tsinghua University West Campus	216 | 217	
中国美术馆改造装修工程 China National Art Gallery Renovation Works	220 | 228	与前辈大师的一次用心的合作——中国美术馆改造装修工程 A Diligent Cooperation with the Senior Master - China National Art Gallery Renovation Works
清华大学综合体育中心 Tsinghua University Sports Center	236 | 237	
清华大学游泳跳水馆 Tsinghua University Swimming Venue	240 | 242	清华大学综合体育中心和游泳馆 Tsinghua University Sports Center and Swimming Venue
天桥剧场翻建工程 Tianqiao Opera House Renovation Works	248 | 251	
中国戏曲学院迁建工程综合排演场 Rehearsal Hall of National Academy of Chinese Theatre Arts	254 | 256	关于"度"的感悟 ——中国戏曲学院迁建工程综合排演场设计随想 Reflections on "Extent" - Relocation Works of National Academy of Chinese Theatre Arts
上海中心方案 Proposal: Shanghai Center	258	
沈阳文化艺术中心方案 Proposal: Art Center of Shenyan	258	
天津德域大厦方案 Proposal: Tianjin Deyu Tower	258	
中国美术馆鼓浪屿分馆方案 Proposal: China National Art Gallery Gulangyu Branch	258	
天津融侨渤龙湖总部基地西区工程方案 Proposal: Rongqiaobo Longfor Headquarters in Tianjing	259	
渭南文化艺术中心方案 Proposal: Weinan Culture and Art Center	259	
云南亚广影视信息传媒中心方案 Proposal: Yunnan Yaguang Media Center	259	
北京电力科技馆方案 Proposal: Beijing Electrical Science Museum	259	
关于建筑的只言片语 A Few Words on Architecture	260 | 261	
项目摄影师索引 Photographers	263	

未完结的对话
——庄惟敏、黄居正关于建筑及创作的讨论

庄惟敏

黄居正

2012年的秋天,《建筑师》主编黄居正与庄惟敏就"建筑及创作"进行了讨论。他们从庄惟敏近10年的创作及作品展开,从建筑谈到城市、从风格谈到场所、从材质谈到建构、从创意谈到策划、从建筑师的反思谈到建筑师的社会责任感……

黄居正:
1996年设计院体制改革后,面对中国庞大的设计市场,建筑师的身份、态度、立场发生了分化、转变,庄老师你的身份相当复杂,既是老师,又是建筑师,还是设计院院长,你是如何定位自己?这对于你的创作实践又会产生怎样的影响?

庄惟敏:
是的,现在中国建筑师的阵营,主要分为三类,一类是大设计院体制,一类是改革开放后国家许可的民营事务所,还有一类就是高校设计院。

在中国这样一个允许高校设计院存在的背景下,既作为教师,又作为建筑师,是一件很幸运的事。许多国外高校建筑学院的教授们都很羡慕中国的国立大学能够有自己的设计院,因为在美国、英国,大学的教授是不可以在学校办设计事务所的。我曾经向国外的教授和建筑师们解释,高校里的设计院就如同大学的实验室,教授和学生们要在这里获得实习实践的锻炼,要进行研究成果的转化,这也是梁思成先生他们老一辈建筑教育家的远见。事实上在1958年7月24日成立的清华大学建筑设计研究院前身可以追溯到1952年3月梁思成先生为主任委员的"清华大学、北京大学、燕京大学三校调整建设计划委员会"下属的设计科。半个多世纪的存在与发展,高校设计院已然成为了中国建筑界研究与实践的生力军,许多知名的建筑师从这里诞生,许多著名的建筑设计作品也在他们手里由图纸变为现实。当然,最主要的是这些大牌建筑师,他们不仅是建筑师,也是学者教授和科学家,他们教学和培养人才的成就一点都不逊于他们的设计作品。

我说我自己很幸运,是因为我在这样一个有大牌教授同时也是大牌建筑师的指导下步入了建筑这个行业。1980年考入清华,至今32年的光景,我目睹了我的师长们是如何教书育人,如何勤奋实践,在他们的教诲和熏陶下注目和体会着理论研究升华成实实在在的建筑,对此我充满着崇敬、憧憬和期待。1992年博士毕业后的留校成全了我职业生涯中的双重身份。

我更偏爱用设计去表达和解释,因为我觉得它实在,有一种将思考创意转变为图面形象而获得表达的踏实。所以,如果给自己定位,我偏向于定位为建筑师。建筑需要创新,不像一般的自然科学推理,一个题目有一个最佳答案。建筑不是这样,同样一个题目,不同的人,就有不同的创作理念。说实话,在我的职业生涯中,总会有种隐隐的焦虑,它缘于建筑创作的过程,越是有创新,内心就越不安,总希望能在创意的同时给出有说服力的理论的释义。这种焦虑一直伴随着我的创作,构成了一种常态。所以,每每这时我就希望能有强有力的理论方法给予支撑。我发现很多人都有这种焦虑,尤其在学生中,他们对创作以及理论的焦虑心态相当的普遍。与其说当教师是为了教授学生们知识,倒不如说是我自己有一种获得理论补给的渴望,因为当教师你必须有研究。所以,教师的职业对我来讲也很重要,它是令我安心设计的基础。

至于设计院院长,我想那是一个阶段性的岗位工作,与学术无关,与设计无关,是在一个指定时间内必须完成的一项工作。老实讲,院长不是一个人的作为,一个人是当不好院长的,那是一个团队的合力。作为院长,我特别希望把院长这个岗位和建筑师的身份、教师的身份剥离开,设计是纯粹的设计,教学是纯粹的教学。

黄居正:
你说建筑和自然科学不一样,自然科学有很强的逻辑性,而建筑需要创意,不同的建筑师会产生不同的结果,那如何来评价一个建筑的好坏呢?记得在一本书里讲到17世纪法国有一个著名的艺术批评家德皮勒,他说绘画评定有四个方面:构图、素描、表现、色彩,并以此给艺术家打分。看了庄老师的作品,感觉庄老师在建筑的功能处理、流线组织、空间组合等方面有极强的能力和技巧,我想这些是一个好建筑应该具备的几个关键性要素。除了这些,庄老师认为评价一个好建筑还应该有哪些方面?

庄惟敏:
这是一个非常关键的问题,我本人一直认为建筑师不能等同于艺术家,建筑师一定要在某些科学前提的限定下来作艺术创作。国际建协(UIA)对建筑师的定义也包含了这样两个关键词:一是有专业技术技能、能够为人和社会提供专业服务;二是同时融入艺术创作。

所以刚才您说功能的处理、流线的组织和空间的营造应该是建筑的基本功,是作为一个职业建筑师的看家本领,是保证职业建筑师服务于社会不出废品的前提,它是对职业建筑师的最低要求。但是一个好的建筑远远不止于此。借用诺伯尔·舒尔茨的话:"……建筑就是要将场所精神可视化,建筑师的任务就是创造人类栖居有意义的场所。"栖居是建筑功能的目的,而意义是精神的诉求,所以"诗意的栖居"正是好建筑的写照。一个好的建筑除满足基本的功能外,要给人以精神的享受。

黄居正:
关于"诗意的栖居",我对此深有体会。去年我去瑞士南部,看建筑师斯诺兹在蒙特卡罗索小镇上做的一所学校,原来基地上有一个15世纪留下来的女修道院,镇政府想把它拆掉,因为修道院已经破破烂烂,但建筑师坚持要保留,包括修建、改建和新建。我在小镇虽然只停留了短短的二、三个小时,但真真切切地感受到一种让人不想走,想停下来的气氛围绕着你。当我坐在改建成小镇咖啡馆的侧翼,看着夕阳照在白色的墙上,也在窗洞间形成的浓重的阴影,看着广场上闲适的市民来咖啡馆要上一杯咖啡或啤酒,开始三三两两喝喝交谈,小孩抢在天黑前骑着自行车在广场边玩耍——这样的场景竟莫名地感动了我。此时此刻,建筑师盖出什么样形式的房子对我来说一点都不重要,恰恰是营造出的一种氛围,一种场所精神给予了我们心灵或震撼、或抚慰的独特感受,这才是建筑中最为重要的。

西方建筑学的教育,有一套自己的形式理论,比如早在古希腊时期,亚里士多德就说,一个艺术品由四种因素构成:目的因、动力因、形式因、质料因,但四者之中最重要的是形式,纯粹的形式,所以才会有比例、尺度、均衡等形式原理来作为建筑设计的原则。而中国讲大象无形、大音希声,达到"神品"境界的艺术作品是要人忘掉形式的,就像刚才提到的那个斯诺兹的学校。因此,这里便牵涉到一个问题,建筑师在做建筑的时候,不仅要考虑功能、形式、空间,更应该把基地的潜在意义挖掘出来,赋予独有的场所精神,给人一种特别的气氛和心境。庄老师作品中,华山游客中心和金沙遗址博物馆,我发现对基地都似乎有一种特别的关照,我想请你谈一谈这两个建筑跟场所的关系。

庄惟敏:
关于美学层面西方和东方是有差别的,西方可能更多讲的是形式的逻辑性,而东方讲的是一种精神层面的东西。真正做到大象无形,精神层面会要求有一定的厚度。

从建筑学理论的发展来看,无论是城市规划、建筑设计还是室内设计,建筑学的关键词都经历了从生存到精神象征,从精神象征到地域文化,从地域文化转向新技术的运用,再由新技术的全球发展导致全球化格局这一演进历程。如今建筑学又重新回到普遍意义上的对"人"的关注。从这一历史文脉来看,建筑空间的"意义"是反映或者还原一种真实,一种对人从物质到精神需求给予满足的真实。工业化革命和信息时代的到来,使得技术至上和实用主义的思想统治着建筑的创作。当下,建筑师在其建筑设计中所关注的"意义"似乎变得越来越模糊,甚至许多建筑师在日益忙碌的实践中都放弃了对"意义"的追求。以马斯洛的人类需求理论来看,人类对人居环境的需求由生理、安全、情感、自我价值实现、学习和美逐级获得更高一级的需求。建筑作为人工环境其栖居的特性可以被解释为功能,而栖居场所给人的精神体验就是比生理和安全需求更高一级的情感的需要。建筑的意义在于使人栖居,并使人在其中有一种精神的体验。也就是说,建筑的空间营造应该具有精神上的维度,它应当使人们获得"意义感",即"诗意的栖居"(海德格尔语)。这就是我理解的"场所精神"。

华山游客中心和金沙遗址博物馆的设计策略是一种向自然学习的策略，亦即，在满足功能的同时，强调精神，在这两个项目里的精神指的是自然的精神。华山作为中华五岳之一，以险峻秀美闻名于世，其自然的大美无以伦比。显然任何人工的作为都是不恰当的。但为了满足游客的服务配套，必要的人工环境的营建无法避免，华山地脉巨石和山岩的地理构造，又使得完全下挖成为几乎无法实现的现实，所以设计尽可能地减少对环境的改变，我们轻触大地，将满足功能的人工空间尽量减小体量，匍匐于大地之上，而结合室外自然的平台将华山的主峰引入建筑，形成项目特定的情境表达。同样的手法在金沙遗址博物馆的设计里也有所坚持，不过是将主体建筑在造型上融入遗址基地，形成一种完整的，使人沉浸和漫游在遗址现场的场所感。

黄居正：

我们看建筑师的作品，可能存在不同的观点和看法，譬如说，有的人认为建筑师面对不同类型、不同场地条件、不同的施工技术，应该用不同的风格去应对；也有的人认为，一个成熟的建筑师应该有一种一以贯之的建筑语言风格，这样的例子不少，如柯布西耶、密斯·凡·德·罗。在近10年当中，庄老师参与了相当数量的项目，作品集中呈现出风格的多样性，那么，你对这个问题是怎么考虑的？

庄惟敏：

风格，原本是人们对前人设计成果的总结，形成了风格也就形成了某种形制，是一种凝练，我一直将它看得很高。但纵观历史，建筑师创作的精髓并非源自形而上的文化或理念的释义。柯布西耶在《走向新建筑》一书中就说过，建筑与各种"风格"无关。密斯也说过："……形式不是我们的目标，而是我们工作的结果。"我相信他们的风格不是设定出来的，他们本人也没有刻意沿着自己的某些"风格"去设计，甚至于他们或许根本就没有在意他们的风格。但是建筑师在设计时是有语汇倾向的，就如同人们说话时的习惯和常用语（口头禅），设计中也常被称之为"手法"。一些建筑师在他们的设计中显现出某些重复的相似的手法，其原因是他们熟悉这种表达方式，对这些方式掌控得娴熟和游刃有余。而我，很遗憾至今没有找到我自己满意的表达的语汇，没有找到一个让自己心安的比较娴熟的表现手法可以在以后自己的设计中不断地重复，因而也就根本谈不上有个人风格。风格问题离我还很远。

黄居正：

在作品集中，我发现庄老师在几个项目中喜欢用红砖、青砖，这些材料可能与我们有一种天然的亲切感，但是材料的特性更大程度上体现在如何表达建造工艺、建造方法，以及与其他材料的并用、拼接等建造逻辑上，这方面庄老师是如何考虑的？构造细部的设计究竟对一个建筑师意味着什么？

庄惟敏：

说实话，对砖我有一种发自内心的崇敬感。砖作为人类最古老的一种构筑材料，因它的自然、沉静和深邃深得建筑师喜爱。没有理由地我就觉得，小小的砖块，是那样的谦逊和质朴，以小者而成大器的精神，总会令我感动。不知怎地，看到砖无论是红色还是灰色，我都会觉得它们是那样的本分、坚韧和不计功名利禄，它们是低调的，纯粹的低调。但是当你用成千上万块的砖砌筑起高大的大厦时，那种由小而幻化出来的伟大足以令我崇拜和痴迷。钓鱼台七号院外立面就是用将近130万块手工红砖砌筑起来的，红砖的那种低调，内在透出高贵和崇高的感觉，令我痴迷。对构造细部的追加和运用中国古代十二章纹纹样的拼接砌筑，都希望使这些砖有一种会说话的感觉，因为它是有灵魂的东西。回味那些建筑大师的作品，那些细部构造的精美，将建筑设计提升到了一种艺术的境界。我以为那就是一种精神的享受。

当然，砖的物理特性和尺寸的限定无疑决定了构造它们的难度。钓鱼台七号院的外墙就通过建立一个由穿孔砖和钢构拉结形成的砖墙体系而实现的。从这一点上也可以看出，建筑艺术的达到是需要精细、逻辑而科学的技术所支撑的。但事实上，在砖的运用过程中也有一个问题始终困扰着我，那就是材料的真实性。砖是人类进行建筑活动使用最早的人工材料之一，是人类建构砌筑活动的最基本的单元。那时人们将砖块垒砌，形成柱子和墙体，再在其上放置木梁和木板形成建筑，即便随着工业革命和技术的发展，混凝土梁和楼板取代了木材，但以砖作为砌体承重构件与梁板所形成的结构体系一直被世人沿用至今，这也就是我们今天说的砖混结构。无疑砖混结构是砖这种材料最真实的特性反映。在许多人头脑中，砖首先是起承重作用的，其次是维护作用。所以，今天用砖来作表皮（内部有承重剪力墙）是否失去了它的真实性呢？对这个问题的回答，我们不妨扯得远一些。20世纪20年代，现代主义兴起，强调建筑是居住的机器，倡导建筑反映结构的逻辑关系，反对装饰，提出"装饰就是罪恶"的口号，简洁、单一而无装饰的"国际式"风格建筑在二战以后成为世界许多地区建筑的主流。然而，1966年文丘里的那本《建筑的复杂性与矛盾性》一书的出版，无疑使人们认识到了现代主义的单调和乏味。文丘里宣称的"喜欢建筑元素的混杂"，和斯特恩总结的"采用装饰、具有象征性和隐喻性、与现有环境融合"的后现代主义建筑三特征，都成为后来建筑界突破"国际式"的呆板和追求多样化的理论原发点。尽管后现代主义在中国没有盛行，但人们对多元、丰富、文化和与环境融合等后现代主义思想的认同以及对设计中强调文脉、运用隐喻和文化符号装饰的设计手法在今天依旧被人们所追捧和效仿。显然，砖作为人类最经典的建筑材料和元素，那些手工的砖块被认为是人类技艺的结晶，由砖砌筑的建筑也被认为是一种考究、手工、乃至文化的精粹，砖在这里异化为一种文化的语言，砖的建筑也被理解为一种文化的精神表达。所以砖在作为承重和维护材料外，又多了一种特性，就是可以作为装饰材料表达文化内涵（或手工或精美）的特性。纵观国内很多建筑以及很多大师的设计也都显现出了这一特征，砖成为了一种部分或全部脱离原本结构功能之外的装饰构件，一种建筑特定文化含义的表达。钓鱼台七号院项目的设计在突破呆板单调的立面造型，追求文脉、体现传统的继承、以适宜的尺度感和环境融合、以及高调地表达手工的考究和精细等等的理念出发点下，承重墙外砌筑的红砖墙也就成为了理性的选择。用整块砖来砌筑是为了还原砖作为一种传统砌筑材料所表达的自身的真实感，因为不同于面砖，整砖的勾缝可以很深，更具有立体感，转角可以是真实的实心砖的转角，而无需担心面砖45°切角对缝后流露出的破绽。所以，从发挥砖这样一种彰显材料原始文化特性的层面来看，这也是一种真实。

黄居正：

不同的材料对构造细部有不同的思考，怎样在细节里做出一些精彩的东西，对一个建筑师是很重要的。在国外的事务所，比如在日本、瑞士的建筑师，他们有一套传承的体系，不光继承大师的思想，还有对构造细部的考虑，学了这些基本的东西再去创造。而中国的建筑师这方面相对要弱一点，比如说大设计院都是集体的创作体制，它很难有细节方面的传承，你在培养年轻建筑师的时候，有没有注重这方面的细节？

庄惟敏：

现在建筑师经常说的一句话是"完成度"，像那些大师运用材料的精美，很多不是为了表面精美而精美，更多是深层次的东西如对构造、建构机理和逻辑的探索和表达，但我们往往更多注重的是表面，而忽略了表面美的造型下的构造逻辑和建构技术。其实，对一个优秀的设计作品而言，图面精美的表达是一个方面，但真正做出来确需要上一个很高的台阶，因而细部的构造及作法变得相当关键，材料的贴切表达需要靠建构来做支撑。

黄居正：

这对建筑师各个方面的要求都比较高，要懂材料、懂构造，但最后还是要回到空间上面，因为建筑最终是提供给人生活、工作、学习的。

意大利现代建筑理论家赛维说"空间是现代建筑的主角"。庄老师在一篇文章中强调"建筑空间的叙事性特征"，我对这句话的理解是对建筑从哪儿开始、在哪儿结束、发生怎样的事件的一种思考。说得玄一点，形而上一点，更是对建筑本源的思考。举个例子，当你在设计一个学校时，应该首先思考的是学校的本质是什么，是为谁而建，使用者在这样的空间中会产生什么样的行为？苏格拉底教学生的时候，也许当初没有教室，就是在一个大树荫底下围一个圈开始讲课。建筑师设计任何一个东西，还是要回到本源的问题，人在里边怎么活动。你进行创作的时候，对这个问题怎么看的？建筑与人，是何种关系？最近有些学校在做参数化设计，参数化设计作为一种工具，是非常好的。如果把参数化的设计作为一个目标来做，忘了人在里边活动的时候，参数化工具对人究竟意味着什么？

庄惟敏：

这是一个建筑本原（我更愿意是这个原字）的问题。现代主义之后，人们认识到建筑是为人服务的，不是压在人们头上的大山，这是现代主义最大的贡献之一。现代建筑的核心是空间，既然建筑是为人活动的容器，那么空间的人的属性以及人在其中活动的属性就成为建筑的本原之一。作为著名的"纽约白色派"(New York Five)五人之一彼得·埃森曼在设计辛辛那提大学设计、建筑、艺术与规划（DAAP）学院的设计时，说过"空间就是事件（Space is Event）"。那些穿过斜向墙体所围合出的空间的斜向坡道就是被埃森曼定义的事件发生的空间，因为有人的活动，因为有人手里端着咖啡，从一层，或张望、或思考、或攀谈地缓缓走上三层平台的这样一些行为事件的发生，造就了这种空间存在的意义。不知从什么时候开始，这种在设计中每每将空间演绎成（或者想象成）一段场景或故事的做法，总是左右着我的创作，我试着将它称为"建筑空间的叙事性特征"。当然也有人批评，你的叙事性是你主管的一种场景。这延伸出另外一个话题就是建筑师的经历，建筑师没有经历怎么做设计？人们对空间的特殊认知都是源于不同的经历。

至于参数化设计，是近些年流行的一种设计方法。我对此不是很精通，但我乐于接受。清华建筑设计院现在和港大建筑学院成立了"参数化建筑研究中心"，还与AA举办过多届访校（Visiting School），我们院也成立了BIM（Building Information Modeling）中心，作为一种全新的设计平台，目前也在全力推广。但我仍有不少疑问，比如参数化的表皮设计，是否是设计师通过计算机参数的设定来创造一种出人意料的表皮效果而达到所谓"创造"的境界？我理解参数化设计中"原型（prototype）"的研究是至关重要的，它是决定参数化的基本出发点。先有原型，才能开始参数化的编程，而原型就是关于城市、环境、建筑、空间相关的逻辑系统，我觉得就是建筑本原的一种探讨。但遗憾的是，当下有不少对参数化设计的理解还停留在一种追求计算机化的表皮演绎的时髦中。

黄居正：
你在日本留学的时候是学建筑计画的，我在日本也是学建筑计画的。日本跟其他国家不太一样，老师做什么研究学生就必须做相应的研究，一般来说没有选择的自由，我学几年后觉得特别枯燥，但又觉得建筑计画那套东西很好。后来我看你写了一本书叫做《建筑策划学》，其实想想，策划等于建筑师帮甲方做任务书的前期，可以保证设计出来的项目功能比较合理，流线比较通畅，空间也比较好。在日本计画学是渗透在各个领域、各个项目里，所以总的来讲日本的建筑都比较好用，这个好用跟我们前面讲的建筑与人的关系有很大关联，因为在做策划的时候会做一些人行为的调研研究。因此，我就想，策划在中国的建筑教育中有没有推广和研究的必要？你觉得如何在我们建筑教学里让策划得到比较好的贯彻？

庄惟敏：
建筑策划在日本叫建筑计画，在美国叫Architectural Programming。我在日本留学时的导师服部岑生是研究建筑计画的代表人物。留学当初，我也觉得怎么没让我学建筑设计、城市设计？后来我发现建筑计画正好是我们国内缺少的。建筑计画所考虑和研究的问题就是怎么做建筑的问题，比如设计任务书的编制，在我国恰恰有很多项目在建设中设计任务书的制订是非常粗糙、非常不理性的，这与我们的体制有关。又比如体育建筑，很多二三线城市都陆陆续续炸了很多体育场，因为不仅是这些体育建筑旧了，不好用了，关键是再用还要花很多钱，投入大量的运营和维护的资金，所以不如一炸了之。为什么？就是一开始设计任务书就没有定好。为什么日本在二战以后城市快速兴建，和欧洲城市的快速兴建，兴建的项目能够几十年、甚至几百年还很好，很大层面就是它有前期认认真真的研究。我们的住宅有些只有30年寿命，不仅仅是质量问题，还有定位的不合理。这是一个建筑的大问题，对于学建筑的学生和老师而言，这意味着是一个基本功：做建筑之前要做研究。这个研究在西方是很明确的，它就是建筑师的职业范畴，是建筑师专业教育里的一部分。此外，建筑策划还有法律的程序规定，政府投入的项目必须要做建筑策划，不做策划不行，设计任务书必须要审查、要研究。

我们国家于1996年进行注册建筑师考试，注册建筑师考试之后，建设部主推的一件事情，就是中美建筑师资格的互认，但这件事情后来没有推下去，当时有各种说法。我2005年到国际建筑师协会职业实践委员会（UIA-PPC）工作后，通过和美国建筑师沟通了解到，其中很重要的一个原因，就是我们建筑师的职业教育跟美国有不对等的地方，比如前期策划这方面尤为缺失，关于建筑师的管理、建筑师的全程执业、建筑师的法律背景这些都没有，这就是我们所缺乏的。

建筑策划变成了中国建筑师缺失的一部分。国际建协职业实践委员会（UIA-PPC）在职业建筑师政策推荐导则里有一条政策导则明确提出：建筑师的职业范围包括建筑策划。在日本，如果要考日本注册建筑士资格的话，建筑计画也是必考环节。再来看市场，国外建筑师事务所不像我国设计院有甲乙等级，他们没有资质，事务所通常是顾问公司，建筑师是个人资质。建筑师作为四大自由职业者之一，就像律师相当于法律顾问，会计师相当于财务顾问，医师相当于健康顾问，建筑师就是置业顾问。置业顾问就是要帮业主回答项目怎么做的问题。从这个角度来讲，建筑策划就有特定的存在的价值和必要性。美国德州大学A&M分校有一个CRS研究中心，它以三个创始人名字的字头命名，专门做建筑策划研究，其中威廉·佩纳就被誉为建筑策划之父，他们关于建筑策划的研究和实施方法一直延续到今天，仍旧被全球建筑师广泛采用。

现在清华大学也开设了建筑策划课，慢慢地建筑系师生们也知道了建筑策划的重要性。

黄居正：
作为建筑师当然要服务于社会与人，建筑师是一个服务性的职业，但建筑师也是一个社会人，在西方有的建筑师还承担一个任务，即批判性的任务，比如说建筑师引导居住的消费观念，因为建筑师是置业顾问，提供住房消费品，要引导并改变原来消费的习惯。举个例子，安藤忠雄的成名作：住吉的长屋，我记得特别清楚，当时在日本的时候，老师跟我们讲，住吉长屋的人住在二楼，厕所在一楼，中间是庭院，下雨天还得打着伞去厕所。这样生活是不是不方便？安藤说他是有意要牺牲居住的舒适性而让人融入自然之间，感受风雨寒暑，他强调的是生活与自然的接触。当然在中国我是觉得批判性的建筑师有，但少，比如说刘家琨做的汶川地震的18m²的小屋，那是一个批判性的东西。

庄惟敏：
建筑师的批判性，应该是长期积累以及经过深刻思考的结果，所以才有安藤的理念，才有那些大师们。批判源于思考，没有思考就会一味地去满足或者迎合业主的需要。其实批判还提出了更深刻的问题，就是建筑师的社会责任，它肯定不仅仅是为了满足业主，尽管建筑业是服务性的行业。有一些业主是很清楚的，他们明白要和建筑师共同创造人类建筑新文化，这是要靠建筑师和业主共同努力的，所以要有这样一个共同的出发点，批判性地做建筑、来做设计，肯定会达到一种境界。但为什么现在有批判精神的建筑师比较少，我觉得可能缘于两个方面：一个当然是人的因素，有的开发商说，建筑师就是甲方的鼠标，而有些建筑师也乐得做鼠标去赚钱；另一方面社会要求大量的建造，社会量产与建筑师大脑的库存已经形成矛盾，建筑师在量产的社会压力下根本没有时间去思考，习以为常的东西已经根深蒂固，造成了建筑师丧失了思辨的能力。

黄居正：
对于批判这个词中国人会形成特别不好的联想，其实我理解的批判是一种反思，对以往习惯性的东西的一种反思。谢谢庄老师！

庄惟敏：
谢谢黄主编！

庄惟敏近十年的建筑创作集结而成的作品集《筑·记》是建筑师忙碌工作的一个留白，建筑师因此静下来好好思考：自己要坚持什么和放弃什么？这些思考和醒悟，对《筑·记》而言，其份量无疑超过它作为几个项目图片的展示效果。就像安藤忠雄说的，住吉长屋不是把房子当成艺术品任意挥洒，而是以自己的方式，对生活与住家的意义作彻底的思考和深入探索后得到的结论。而《筑·记》既是建筑师的创作实录，更是建筑师的未来起点。

An Unfinished Dialogue on Architecture and Creativity

ZHUANG Weimin

HUANG Juzheng

In the autumn of 2012, Mr. Huang Juzheng (HJZ), the editor-in-chief of Architects Journal, and Mr. Zhuang Weimin(ZWM) had a conversation on "Architecture and Creativity". Based on the works of Mr Zhuang in the last decade, the topics of discussion ranged from architecture to city, from style to place, from material to construction, from creativity to programming, from the self reflection of architects to their social responsibilities…

HJZ:
Since the reform of architectural design institutes in 1996, the status, attitude and position of architects in China have drastically changed. You are an educator, architect, and at the same time, the president of a design office. How do you position yourself? What are the influences on your practice?

ZWM:
At present, China's architect offices roughly fall into three categories: the first is the traditional large state-owned design institutes, the second is the privately-run design offices, and the last category is the design institutes of universities.

China allows universities to have their own design institutes. This is a unique situation which many colleagues abroad envy us for. It is a privilege to work both as a teacher and an architect, which is impossible in many countries. I explained to foreign colleagues that a design office to an architecture department is like a laboratory to a chemistry department. Both professors and students will be benefit from the real practice here and get the chance to turn their research works into reality. The idea came from the vision of the first generation of modern architecture educator in China, such as Liang Sicheng. Tsinghua Architectural Design and Research Institute was started on July 24th of 1958, but the prototype can be traced back to a design office established in March 1952 under the Three Universities' Planning and Construction Committee led by Professor Liang Sicheng. After more than five decades of development, university design institutes have become one of the pivotal forces in China`s architectural design sector. Many design masters have emerged from them and many famous architecture works have been delivered. Nevertheless, these design masters are not only architects, but also scholars, professors and scientists. Their achievements in education are no less great than in design works.

I think I am lucky to be led into architecture in an atmosphere where famous professors were at the same time renowned architects. I was enrolled in Tsinghua University in 1980. In the past 32 years, I have witnessed my teachers' devotion to education and practice and watched research turned into architectural reality. With aspiration and anticipation, I myself became such an educator/practitioner in 1992 after finishing my doctorate study.

I am prone to expressing my thinking through my works. It gives me a feeling of solidarity when seeing ideas turned into drawings. So, I prefer to be addressed as an architect. Architecture demands creativity. It is different from the deduction process in natural science where there is always a perfect answer to a question. In architecture, the answers to the same question always differ by different architects. In my career as an architect, I have always had a sense of anxiety accompanying and growing with the creational process. At such moments, I have always hoped that there is a solid theoretical and methodological ground for my work. I find this anxiety quite common, especially among the students. Rather than teaching them knowledge, I myself desire the theoretical supplies. So, the teaching profession is very important to me. It is the foundation of my design works.

As to the role of president of a design office, I deem it as a temporary one. It has nothing to do with academic or design works, but a task has to be done in given time. To be honest, the job of president is not about an individual but the joint force of a group of people. I wish I could successfully separate this role from my status as an architect and a teacher. Design is purely about design; teaching is purely teaching.

HJZ:
You mentioned that architectural design is different from natural science. The former has a strong logic, while the latter needs creativity. If different architects deliver different solutions, what are the standards by which to judge the quality of design? French art critic Roger de Piles once said, there are four aspects of the quality of a painting: composition, sketch, expression and color. And he used these aspects to judge artists. In your works, I feel that you have strong capacity and skills to arrange functions, articulation and spatial relationships, and these are critical ingredients of good architecture. Besides these elements, what are other important aspects when judging the design quality of a building?

ZWM:
This is a crucial question. I think that architects shall not be equated with artists. Architects have to express their creativity with the principles of sciences. The definition of "Architect" by UIA has two key aspects: an architect shall have specialized technique and provide specialized services to others and the society, while artistic creation shall be part of the work.

Dealing with function, articulation and space are the basic techniques of the profession. They are premises that ensure the proper functioning of buildings, which is therefore the minimal requirement to architects. But a good design is far beyond these. As put by Norberg-Schulz, "architecture is to visualize Genius Loci, the duty of architects is to create meaningful place for human beings to dwell." To build dwellings for mankind is the purpose of architecture. Seeking meaning is the calling of the spirit, therefore "poetically dwell" is an accurate depiction of architecture. Beyond providing the basic functions, a good design shall provide delights to the mind.

HJZ:
As to "poetically dwell", I had a vivid experience. Last year in Switzerland, I visited an elementary school designed by Lugi Snozzi at Monte Carrasso. There was a convent of the 15th century. The municipality originally wanted to have it removed since it was in very bad conditions. But Snozzi insisted on keeping it. I stayed there only for 2 or 3 hours, but there was an atmosphere which made me lingering. I sat in a coffee shop originally a part of the convent, looking at dusk sunshine projecting itself on the white wall, which left some deep shadow where it met the window holes. Local people came for a coffee or beer, starting some little chat. Children were riding bicycles on the open ground before sunset. The moment touched me. At that moment, I realize the most important thing is not forms but an atmosphere, a special feeling hitting our hearts by the spirit of the place.

In the West, architecture education has its own theory of form. In the ancient Greece, Aristotle claimed there are four causes of art: formal cause, material cause, efficient cause and final cause. Formal cause is the most important one, which generates the formal principles of proportion, scale and balance as the foundation of architectural forms. But in Chinese culture, there is a saying "the greatest form is invisible, the most powerful sound is inaudible." The art which has the ultimate profundity shall let people forget about the form, just like the elementary school designed by Snozzi. Besides function, form and space, architect shall present the potential significance of the site, creating a unique Genius Locus and bringing a special atmosphere. In the Huashan Mountain Tourist Center and Jinsha Relics Museum, I have noticed there are special considerations to the sites. Could you tell us more about the relationship between these two buildings and their sites?

ZWM:
Western and eastern aesthetics have their differences. The western aesthetics pays more attention to the logic of form, while the eastern emphasizes a spiritual substance. To reach "the-greatest-form-is-invisible" status demands the depth of mind.

In the theoretical development of urban planning, architectural design or interior design, their focuses have all experienced the change from existential to spiritual symbolism, from spiritual symbolism to local culture, from local culture to the application of new technology which generates the development of globalization. Nowadays, the focus of architecture has returned to "people" in a common sense. In this historical context, the spatial meaning of architecture is to reflect or restore an "authenticity", a status of material and spiritual satisfaction. With the arrivals of industrial revolution and the information age, technocratic and utilitarian thinking is dominating architecture world. The "meaning" architects are pursuing is becoming vague, and many architects even have given up the pursuit.

According to Maslow's hierarchy of needs, human needs for settlements grow with a hierarchy from physical, safety, emotion, self-fulfillment, learning to aesthetics. As a built environment, architecture's character could be explained as function, but the spiritual experience the environment provided is at the highest level of emotional needs. The purpose of architecture is to build dwellings for mankind, and for them to have spiritual experiences. That is to say, the making of architecture shall have an emotional dimension and provide a sense of meaning for people, or, as put by Heidegger, enable them to "dwell poetically". This is the Genius Loci in my understanding.

The design strategy of Huashan Mountain Tourist Center and Jinsha Relics Museum is to learn from nature, that is, to fulfill the functional needs while emphasizing the spirit of nature. Huashan Mountain, as one of the five most famous mountains in China, is renowned for its unique beauty of steep topography. The greatness of the natural beauty is unparalleled, and any human works will be disproportionately humble in comparison. But the work has to be done to meet the service needs. The geological tectonics of Huashan Mountain makes excavation impossible. Therefore, the design shall avoid changing the natural topography. The building touches upon the ground gently and minimizes the building volume. It creeps on the site, introducing the view of the main peak into it with a natural terrace, forming a special situational expression. The same method was applied in Jinsha Relics Museum. The main volume of the building merges into the relic's site, forming an integrated sense of place for people to get themselves immersed in it and wander around.

HJZ:
There are probably different perspectives and viewpoints towards an architect's work. For example, some people think architects shall respond to different building types, site conditions and construction methods with different styles; while some insist that a mature architect shall have a consistent architectural expression, such as Le Corbusier and Mies van der Rohe. In the last decade, you have a number of design works, while they have shown a tendency of diversity in style. What is your opinion on this style question?

ZWM:
Style is a generalization of someone's design works. I think that the forming of style means the completion of a paradigm. It is a status of succinctness which is hard to reach. But we can see from the architecture history that the essence of design had not originated from metaphysical culture or conception. Le Corbusier once said in *Towards New Architecture*, architecture has nothing to do with "style". Mies also stressed that "form is not our goal but the result of our work". I believe that their styles are not pre-formulated, and they did not intentionally design to follow certain "styles". Or even, they had not noticed their styles. Nevertheless, architects do have expressional preferences in their work, like the tendency of a person using a certain vocabulary. This is what we call "technique". Architects tend to repetitively use certain techniques in their works, because they are the language they are familiar with and can manipulate with ease. Unfortunately, I have not developed a personal language of my own. So there is no personal style in my works. I think I am still far away from the style question.

HJZ:
In your works, I have noticed that in several projects you used red bricks and blue bricks. These materials have a sense of natural intimacy to people. The features of the material shall be seen in the construction technique and method, and its relationship with other materials where they meet. What is your consideration on this subject? What is the meaning of detailed construction design for an architect?

ZWM:
To be honest, I have a sincere respect towards brick. As one of the oldest building materials, it is natural, quiet and profound. Brick is modest and austere, but can be assembled to form splendid architecture. Whenever I see a brick, I feel its integrity, toughness and humbleness. It is tiny, but when thousands of them are put together to form a great building, the grandness that stems from the small amazes me. Courtyard 7 of Diaoyutai State Guest House is built with 1.3 million bricks. The construction detail and the application of ancient Chinese Twelve Heraldries are part of the efforts to let these bricks speak for themselves, since I deem them as artifacts with souls. In the masterpiece architectures, the refinement of the details has raised the design to an artistic level, a spiritual enjoyment.

Of course, the physical character and size decide the limitation of bricks, as well as the hardship of construction. The façade of Courtyard 7 is a brick wall system made of perforated bricks and a steel structure. We can see from here that behind the refinement of details is meticulous and logical science and technology. There has always been a puzzling question for me when using bricks - the authenticity of material. As one of the oldest materials used by human, bricks are used to form columns and walls, upon which beams and floors are laid. With the development of technology since the industrial revolution, concrete has replaced wood for beam and floor, while bricks have been inherited to make load-bearing structural components. This is today's modern brick structure system, which is an authentic reflection of brick's mechanical character. In the mind of many people, brick is firstly for load-bearing, and secondly for enveloping. So, will it lose authenticity when brick is used for exterior while there is a load-bearing structure behind it? The answer is a long one.

In the 1920s, the arrival of modernism claimed that architecture is a machine for living and stressed the logical relationship between façade and structure in architecture. "Ornament is a crime". With this creed, an "international style" with clean façade and no decoration was developed and became the dominating architecture language in many countries after the World War II. However, the publication of *Complexity and Contradiction in Architecture* by Venturi in 1966 criticized modernism as being dull and boring. He claimed that he preferred "complexity of architectural elements". Together with what Stern generalized as the three characters of post-modernism, "utilization of decoration, symbolism and metaphor, and integration with the existing environment", they became the theoretical starting point of a movement breaking the stereotype of modernism and anticipating diversity. Although post-modernism was not popular in China, we agree with its thoughts on diversity, richness, merging of culture and environment, and its emphases on context, metaphor and cultural symbolism.

Obviously, as one of the most classical building materials, the hand-made brick is considered the crystallization of human technique, the building made of bricks deemed as imbued with the spirits of elegance, craftsmanship and culture. Besides its physical functions, brick has become a cultural language, and brick buildings are thus regarded as cultural expressions. This character of the brick building has been seen in the works of many master designers – brick has become a pure decorative element partly or fully independent of the structural function – to express the cultural meaning. The design concept of Courtyard 7 is to break the monotonous façade, achieve a sense of context and tradition, merge with the surroundings on an appropriate scale, and express the elegance and refinement of craftsmanship. Naturally, brick is the unique solution. We used brick in its whole piece but not as a coating to restore the intrinsic authenticity transmitted by brick masonry. The jointings are deeper than those of coating tiles and the corners are all made by whole pieces of brick, but not pieced-together tiles imitating the results. Therefore, this is a kind of authenticity from the perspective of highlighting its cultural implications.

HJZ:
Different materials have different expression in construction details. It is crucial for an architect to make interesting details in his/her design. Some design offices, like in Japan and Switzerland, have inherited not only the thinking of their master designers but also consideration of construction details, which are the starting bases for new innovation in design. However, this is a weak point with Chinese architects. For example, many large state-owned design offices have a tradition of collective design, thus making it very difficult to form a tradition of building details. What is your consideration on this matter when educating young architects?

ZWM:
"Completeness" is now a very popular saying among architects. The refinement is not for the purpose of the superficial, but the exploration and expression of intrinsic structure, construction and logic. But people tend to focus on the façade, and forget the construction logic and structural technology underneath the beauty of forms. In fact, beautiful drawings are only one aspect of an excellent design, while high standard craftsmanship is demanded to realize it. Therefore, construction detail is a crucial issue. The appropriate use of materials needs to be supported by the construction method behind.

HJZ:
This poses high requirements on the qualification of the architect. He/she needs to know materials and structure, and can return to the spatial issue, because in the end, a building is for people to use. Italian architect Zevi once said, "space is the protagonist of modern architecture". In one of your articles, you emphasize "the narrative feature of space". My understanding of this sentence is that it is about where architecture begins and ends. In more theoretical words, it is the thinking about the origin of architecture. For example, when one is designing a school, one shall firstly think what is the origin of school, for whom it is built, and what kind of behaviors will be taking place inside it. When Socrates taught, there was no class room, but a space defined by the shade of a big tree. Whenever architect is designing, he/she needs to return to the origin to imagine people's activities inside the building. What do you think about this issue? What is the relationship between people and building? Parametric design is very popular now. It is a good tool for design. But if parametric design itself is taken as the goal of design, people's activities are forgotten. What do you think about the meaning of parametric design to architect?

ZWM:
This is a question about the root of architecture. After modernism, people have realized that buildings are

serving people but not something superior. This is one of the greatest contributions of modernism. The nucleus of modern architecture is space. The human aspect of space, as the container of human activities in which they take place, becomes the root of architecture. Peter Eisenman once said during his design works on DAAP of Cincinnati University, "space is event". The tilted ramp penetrating the space defined by a series of tilted walls is such a place of event. Some people may walk along it from the first floor to the third holding a cup of coffee, while looking around, pondering or chatting with somebody. These activities are the event defining the space. I don't remember since when I have formed the habit of imagining such happenings in the space I am designing. I named it "the narrative feature of space". Of course, there is critique that this scene is only an arbitrary imagination. Then, there is another question to discuss: the experiences of the architect. How does an architect work without any experience? People's specific cognition of space is entirely from different experiences.

Parametric design is a popular design method at present. I don't know it very well, but I am open to learn. There is a "Parametric Design Research Center" established jointly by Schools of Architecture of Tsinghua University and HongKong University, and there are also many sessions of Visiting School hosted together with AA. In my institute, there is a BIM Center focusing on promoting BIM as a new design platform. Nevertheless, I still have some doubts. For example, in the envelop design process, are the surprising creativity and effect a calculated result through the definition of parameters by the architect? I understand that the study on "prototype" is pivotal in the parametric design process. It establishes the starting point of parametric design. The prototype is the logical system connected to urban, environmental, architectural and spatial issues, and thus a type of inquiry on the origin of architecture. Unfortunately, some of the parametric design works are still lingering at the stage of pursuing envelop possibilities provided by computational technologies.

HJZ:
You and I both studied architectural programming when we were in Japan. In Japan, a student has to follow the steps of his/her supervisor, and there was not much space for you to choose. I felt very bored after several years, while I do agree with the idea of architectural programming. Later, I found a book written by you titled "Architecture Programming". I think that architectural programming is like a prophase before the formal assignment is formulated, consequently ensuring that a good design is made accordingly. In Japan, programming can be seen in many different fields and projects, and it results in well-functioning products. This "well-functioning" has a great deal to do with the relationship between building and people, since there are human behavioral studies involved. Is there a necessity for promoting architectural programming in China's architecture education? How can it be implemented?

ZWM:
My supervisor Hattri Mineki is a leading figure in Architectural Programming. At the beginning of my study in Japan, I wondered why I was not studying architectural design or urban design. I realized later that architectural programming was just what was lacking in China. The focal question of architectural programming is how to produce a detailed assignment book of a building. In China, there are many projects with roughly-made and irrational assignment books. For example, many cities have demolished their stadiums, because they are unfit for new functions. The reason behind is that the assignment books have not been well elaborated. The buildings erected after WWII in the rapid construction period in Japan and Europe have served many years. One of the fundamental reasons is that there has been diligent research before design and construction. This is a big question for architecture. To the architecture teachers and students, doing research before design is a basic training. Such research is clearly defined in the West, and is a part of professional education for architects. Besides, architectural programming shall be legally defined and requested. Every public project must have architectural programming as an obligatory procedure. Design assignment book shall be studied and scrutinized.

China started architect registration policy and the qualification examination in 1996. One of the following steps was the reciprocal recognition between China and USA, which for different reasons was not followed through. In 2005, I started to work in UIA Professional Practice Committee. During my communication with architects from USA, I realized that one of the important reasons was that there were major differences in the education in China and USA, such as management, whole-process practice, legal background and architecture programming.

Architecture programming is one of the lacking parts in China's architect education. One of the policy guidance of UIA-PPC clearly states: the professional area of architect includes architecture programming. In Japan, architecture programming is one of the subjects for which architects shall be examined before they receive professional recognition. From the aspect of market, architect offices there are not categorized as in China into different levels. The offices themselves do not have qualifications, while professional recognition is attached to the individual. Architects are one of the four major types of freelancers: lawyers are legal consultants, accountants are financial consultants, doctors are medical consultants, and architects are property consultants. The property consultant is responsible for the question of how to realize a project for the client. Architecture programming thus has its special value and necessity.

University of Texas at A&M has a CRS Research Center which is named after its three founders specialized in architectural programming research. One of the founders is Willie Pena who is addressed as "the father of architectural programming". Their research and implementation methods in architectural programming are widely recognized by architects all over the world. Now, Tsinghua University has started its architectural programming lessons. The importance of the subject is gradually acknowledged by the teachers and students.

HJZ:
Architects shall serve the society and people. It is a profession of serving and the architect a social member. In the West, there is another role of the architect – critic. For example, as property consultant, architects shall provide products for living and lead the opinion on housing consumption. When I was in Japan, talking about Tadao Ando's Row House in Sumiyoshi, my teacher told us that in that house people live on the second floor and the water closet is on the first floor, while there is a courtyard in between. The residents must use an umbrella to cross the yard and get to the toilet in rainy days. Is it inconvenient? But Ando's intention was to sacrifice the comfort, integrate people into the nature and feel the elements. What he emphasized is the direct contact between life and nature. There are very few such architects in China. One of them is Liu Jiakun, who's 18m² Memorial House for Wenchuan Earthquake is a critique work.

ZWM:
The critique by architects is a result of long-term experiences and reflections. Critique comes from reflection. Without reflection, architects will be patronized by the needs of the client. There is an even deeper question involved, that is, the social responsibility of the architect. Although architect is a profession of service, it is certainly not merely about satisfying the investor. Some of the clients understand that they work together with architects to create new things, which demands their collaboration. Designing with critique attitude will enable architecture to reach a new level, but there are very few such works. I think there are two reasons behind. The first is the human factor. Some developers say that architects are the computer's mouse in their hands, while some architects are satisfied to be such a mouse. The other reason is the society demands mass construction which is in conflicts with architects' creative reservoir. Under such workload, architects have no time to think but to work in routine, and eventually lose their ability of reflection.

HJZ:
The word "critique" has negative connotations in Chinese. But to my understanding, it is a reflection of conventional things. Thank you for your time!

ZWM:
Thank you!

Zhuang Weimin's works over the last decade are complied here into a collection named "Construction · Record". It is a break in the busy work of an architect and a moment of reflection on what to uphold and what to give up. These thoughts and revelations are much more important than the design works presented here. As put by Tadao Ando, Row House in Sumiyoshi is not a work of art, but a personal conclusion from thorough thinking and in-depth exploration on the meanings of life and home. "Construction · Record" is a record of an architect's works, while at the same time a starting point of the future.

翻译：王 韬

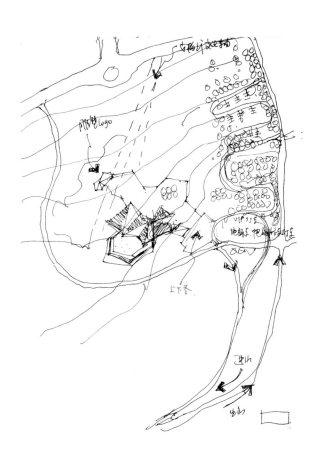

当一切事物随历史逐渐逝去，承传并且沉淀下来的是华山依然秀美卓绝的自然风光以及博大丰厚的文化内涵。华山游客中心坐落在巍巍华山之下，创作和设计的整个过程始终充满了对华山高尚品德的仰慕、尊崇和敬畏。整个建筑匍匐在华山脚下，融于用地的自然环境之中。

华山游客中心
Huashan Mountain Tourist Center

建设地址	陕西省华阴市
建设单位	华山风景名胜区管理委员会
用地面积	40.8hm²
建筑面积	8667.5m²
设计单位	清华大学建筑设计研究院
设计人员	庄惟敏、张葵、陈琦、章宇贡
室内装饰设计	广东华玺建筑设计有限公司
设计时间	2008.08～2009.11
竣工时间	2011.04

华山游客中心项目总建筑面积8667.5m²，其中室内建筑面积7204m²，室外建筑面积（按50%投影面积）1463.5m²，建筑最高点高度13.565m。其用地位于陕西省渭南华阴市城南5km处，310国道以南，著名的国家级风景名胜区华山的北麓。用地南依华山，北侧正对华阴市迎宾大道，与迎宾大道北端的火车站遥遥相望。用地东、西两侧现为农田和部分散居的农户，四周视野开阔。用地北侧偏东约4km处为著名的文物古迹西岳庙，并在规划上通过古柏步行街与西岳庙相连。项目用地较为方整，东西宽600m，南北长650m。用地面积约为40.8hm²，整个场地东南高，西北低，最大高差约20m。其中北侧地势较为平缓，南侧地势落差较大。

考虑到大量游客来此旅游都是为了观仰华山，而游客中心仅仅是为其观山提供必要的服务。因此，在设计立意上，整个建筑体现了宜小不宜大、宜藏不宜露的原则。建筑匍匐在华山脚下，融于用地的自然环境之中。此外，由于华山游客中心承担着服务游客的主要职能，我们认为它是高水准的集游客集散、咨询服务、导游服务、旅游购物、餐饮及配套办公管理等功能于一体的综合性小型建筑；并与关中地区传统文化地位相称的具有文化内涵的重要设计项目。它的建设应该遵循这样几个设计原则：首先，它应该是具有高品位和一定文化内涵的综合性建筑；其次，应该在规划及建筑设计上与周边环境相融共生；再次，应当以人为本，依托良好的自然环境，在保护华山自然风貌的前提下，为游客提供便利服务的活动场所。基于这样的前提，我们认为有必要在该项目设计中引入某些独特的规划及设计理念，从而达到设计方法、技术手段和建筑艺术的统一。

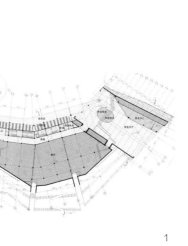

1

1. 平面图
2. 下沉广场及台阶绿化
3. 建筑北侧效果及与华山的关系

4

5

028

4. 剖面图
5. 建筑南侧候车区及疏散广场
6. 草图
7. 主体建筑东侧部分南向效果

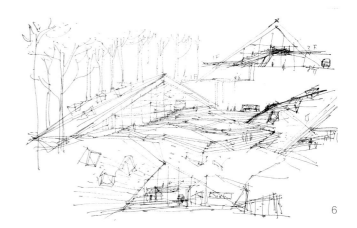

8. 售票大厅
9. 售票大厅楼梯

8

万物生华，高山仰止
——华山游客中心设计

Imparting An Awe-Inspiring Glow to Huashan Mountain and All Its Surroudings - Huashan Mountain Tourist Center

文／庄惟敏　陈琦　张葵　章宇贡

注释
1. 参考 [德]黑格尔.美学（第三卷 上册）. 北京：商务印书馆，2010. 17
2. 引自百度网：弗兰克·劳埃德·赖特词条解释.

参考文献
1. 西安建筑科技大学编制.华山风景名胜区总体规划(修编), 2005
2. 韩理洲, 常生学, 李继康等编. 华山志. 西安：三秦出版社, 2005
3. 百度网：华山词条解释

本文引自作者发表于《建筑学报》的文章

项目概况

西岳华山是著名的五岳之一，以奇险峻秀闻名于世。奇者，奇石怪松，天下无双；险者，古道羊肠，苍穹一线；峻者，山势峻峭，危乎高哉；秀者，山峦隽秀，美不胜收。历史上华山以其嵯峨秀美的景色吸引了无数文人墨客的溢美之词以及游客的驻足。然而近年来，随着赴华山观光游客的持续增加，原有的华山游客中心在使用上已经不堪重负，无法满足基本的需求。因此，结合华山风景名胜区的总体规划，景区管委会拟在山下修建一座新的游客中心，此游客中心在为旅游者提供必要服务的同时也兼顾景区综合管理的职能。不仅如此，该游客中心也作为日后"华山论剑"活动的一个承办载体。

设计立意

华山风景名胜区自然景色雄奇瑰伟，风姿独具，大气磅礴，世所罕见。根据章太炎先生考证，"中华"、"华夏"皆因华山而得名，因此华山被视为中华民族的文化发祥地之一。东汉班固《白虎通义》言："西岳为华山者，……言万物生华，故曰华山。"一句"万物生华"道尽了华山的不凡。此外，宋代名相寇准的古诗："只有天在上，更无山与齐；举头红日近，回首白云低"形象地描绘了华山的壮观。正是考虑到华山的这种磅礴气势以及它丰富的人文景观与历史传承，我们采用了尊重自然、尊重华山的设计理念。在设计上首先严格遵循了华山风景名胜区总体规划的要求，其次也充分考虑了华山未来申报世界自然遗产的可能性。

黑格尔在《美学》一书中提出："建筑艺术在开始时，总是要寻找摸索适合的材料和形式去表现精神的内容意蕴，从而满足于内容和表现方式的外在性。"¹作为著名的五岳之一，华山自古以来便闻名天下，"洪炉作高山，元气鼓其橐；俄然神功就，峻拔在寥廓；……能令下国人，一见换神骨"。考虑到大量游客来此旅游都是为了观仰华山，而游客中心仅仅是为其观山提供必要的服务。因此，在设计立意上，整个建筑体现了宜小不宜大、宜藏不宜露的原则。建筑匍匐在华山脚下，融于用地的自然环境之中。此外，由于华山游客中心承担着服务游客的主要职能，我们认为它是高水准的集游客集散、咨询服务、导游服务、旅游购物、餐饮及配套办公管理等功能于一体的综合性小型建筑；并与关中地区传统文化地位相称的具有文化内涵的重要设计项目。它的建设应该遵循这样几个设计原则：首先，它应该是具有高品位和一定文化内涵的综合性建筑；其次，应该在规划及建筑设计上与周边环境相融共生；再次，应当以人为本，依托良好的自然环境,在保护华山自然风貌的前提下，为游客提供便利服务的活动场所。基于这样的前提，我们认为有必要在该项目设计中引入某些独特的规划及设计理念，从而达到设计方法、技术手段和建筑艺术的统一。

规划布局

1. 与城市和自然环境的关系

由于项目用地处于华阴市的主要轴线迎宾大道的南侧尽端、背靠华山，且与北侧的西岳庙遥相呼应。按传统设计思路，建筑应当位于主轴线之上，然而建筑的体量再高也高不过山，华山的山景才是整个景区的主角。"出剑指苍穹，山岳谁为雄"，以及所谓的"风云际会、华山论剑"等等均是以山作为主体。因而城市与山之间的轴线应当以山作为对景，凸显出华山的存在，而建筑恰恰应该是一种隐去的关系。因此设计一方面采用了斜坡顶的造型语言，以求将建筑与华山融为一体；另一方面将华山游客中心的使用功能一分为二，成为两个部分。

其中西侧部分体量较小，为游客进山通道，包括购票、咨询、导游服务等功能，东侧为餐饮、购物、管理以及其他配套用房，同时兼顾了出山通道。东西侧两个单体建筑的中间则用一个平缓的、逐渐升起的平台作为连接。这样一种设计使得游客无论站在用地的入口或者场地内的任何一个位置，均能够一览无余地看到华山的秀美风光。同时，这种功能布局及造型也参考了当地的一个民间传说。相传大禹治水时，将黄河引出龙门，来到潼关时，被南边的华山和北边的中条山挡住了去路。两座山紧紧相连，因而河水无法通过。危急之时有位叫巨灵的神仙前来帮忙，将两山掰开，但是华山却被掰成一高一低两山，高的叫太华山，低的叫少华山。因此也就有了李白 "巨灵咆哮擘两山，洪波喷流射东海" 的赞咏华山的诗句。此外，两个单体建筑拉向两侧、中间连接部分采用平台拾级而上的设计手法既与自然地势相吻合，又是面南的华山景观与面北的城市景观的一种有效衔接。在台阶宽窄、疏密相搭配的平台之上，向南看到的是华山的雄姿，向北则回望城市，其面向的是城市和现代文明，背靠着自然与人文历史传承。其依托的是自然，接纳的是现代，从而形成自然和文明结合的一种概念。因此，设计充分体现了对环境和建造场所的尊重，使得建筑真正成为联系自然景观与人文特色、传统文化与现代文明的一个载体。

弗兰克·L·赖特曾提出："建筑师应与自然一样地去创造，一切概念意味着与基地的自然环境相协调，……最终取得自然的结果而并非是任意武断的固定僵死形式。"[2] 这种崇尚自然的建筑观同样体现在华山游客中心的设计思想之中。

2. 总平面布局
由于用地通过古柏行步行街与西岳庙相对，因此由北向南形成了一个西岳庙-古柏行-华山主峰的文化轴线。而华山游客中心的用地恰好处在这一轴线之上，对此，设计选择了退让这一轴线的做法，即在总平面设计中将主体建筑设置于用地中部偏东的位置，以在视线上避让开从西岳庙看华山主峰的视觉通道。同时，建筑布局也遵循了华山总体规划弱化轴线对称，要求建筑宜小、宜分散的原则。本项目主入口位于用地北侧，进出山的入口位于用地的东南角。在主入口与建筑之间分别设置车行与人行路线。其中，在用地北侧东西两边各有一个车行入口，车行道路在用地内环通。紧邻两个车行入口处为铺有硬质绿地的生态停车场，车场依地势曲折呈不规则设计，车场内非停车位部分植有不同的乔木及灌木。社会车辆均停放在此。用地东北侧设有专供大客车停放的场所，东南侧结合进山出入口设置专用电瓶车停放车场。管委会内部用车与少数贵宾车辆可停放在临近建筑的小型停车场。各停车场均设有人行通道通往华山论坛及生态广场的主体建筑，建筑北侧设有广场以满足游客排队买票、等候及其他功能使用。用地中心为大型自然生态公园，用地红线内的景观均呈现自然方式。用地南侧结合原有的大片柿子林，设计上亦考虑作为大型自然生态园林。

建筑设计

1. 建筑内部功能简介
主体建筑西侧部分为一层，设有票务中心、LED显示屏、咨询中心及导游接待服务等游客进山必须的功能内容。游客购票后沿行进流线可以到达候车区，并乘坐景区的电瓶车前往华山。主体建筑东侧部分为二层，地下局部一层。其中地下局部一层结合下沉广场设有风味餐厅、厨房及设备用房。首层设有贵宾接待、旅游纪念品购物、医疗、电信等旅游服务和配套管理用房。二层设有信息监控中心、会议及办公等功能。东西两侧建筑以平台下部的一个通道相互贯通。平台下部北侧部分为半地下的展陈空间，用以展示华山的自然景观、植被地貌及其他人文遗产，南侧为候车区和游客休息区。在使用上，进山人流与出山人流分开设置，互不干涉。出山人流与旅游纪念品购物及餐饮等配套功能相结合，以方便游客使用。

2. 建筑造型及材料
建筑形体采用了带有折线变化的斜坡屋顶，坡屋顶直接落地，在屋顶穿插敷设了一些呈不同角度设置的立方体作为采光单元，隐喻山顶的岩石随意地散落在山坡上，它既具有为室内提供采光的功能作用，又在造型上丰富了整体建筑意象，这一看似随意，实则刻意讲求建筑与自然契合的设计手法，也与张锦秋先生所提出的建筑要与华山相呼应，并建议增加一些有斜坡面的体型，从而形成高低错落有致以及活力感的指导思想相符合。大平台上也根据使用需要设置了若干方整洗练的玻璃盒子作为采光单元，为大平台下展览空间中的展品提供展陈照明，同时夜晚平台下展览空间的灯光从采光玻璃盒子中透射出来，远眺似繁星点缀，丰富了建筑的表情。大平台铺以产自当地的石材，在形式及质感方面力求与华山尽可能地融为一体，屋面的石材选择也考虑到了关中地区民居建筑的灰色调，在颜色和质感上力求有文脉的呼应。整座建筑造型简约朴素，在满足游客旅游集散等各种内部功能要求的基础上，力求以简洁的体型，减少建筑外传热面积，节省能耗。建筑充分利用了自然采光，有效减少了照明能耗。同时，设计也合理安排了建筑的开窗面积，从而避免因开窗面积过大而带来的采暖和空调能耗的增大。

3. 无障碍设计
建筑充分考虑了无障碍设计。建筑主入口设有无障碍坡道，建筑内部设置有无障碍电梯，首层设有残疾人专用卫生间。所有残疾人坡道的坡度均符合规范的要求。

结语

千秋浩荡、万古悠悠。当一切事物随历史逐渐逝去，承传并且沉淀下来的是华山依然秀美卓绝的自然风光以及博大丰厚的文化内涵。华山游客中心坐落在巍巍华山之下，其创作和设计的整个过程始终充满了对华山高尚品德的仰慕、尊崇和敬畏。当华山游客中心落成之际，诗人李白"西岳峥嵘何壮哉，黄河如丝天际来。黄河万里触山动，盘涡毂转秦地雷。……"以及白居易的"渭水绿溶溶，华山青崇崇。山水一何丽，君子在其中……"等赞咏华山的千古绝唱又在耳边响起。希望我们的设计与华山的自然大气是贴切的。

思维方式是左右建筑创作的关键，它决定了创作的态度。逆向思维往往会给你带来意想不到的灵感。

北京建筑工程学院经管—环能学院
School of Environment and Energy, Beijing University of Civil Engineering and Architecture

建造地点	北京建筑工程学院新校区
建设单位	北京建筑工程学院
建筑性质	教学实验楼
用地面积	21131 m²
总建筑面积	23072 m²
建筑层数	地上5层
建筑高度	23.9m
容积率	1.02
设计单位	清华大学建筑设计研究院
设计人员	庄惟敏、任 飞、李文虹、丁晓东
设计时间	2009.07~2009.12
竣工时间	2011.07

1. 外立面实景

设计指导思想和原则

设计充分尊重北建工新校区校园规划设计导则，以及周围建筑环境尺度和文化意味，并在此基础之上形成自身方案的特色。

采用整体生成的设计方法，在设计中注重营造校园文化氛围，以逻辑和理性作为基本设计原则，塑造独具特色的校园场所。

注重经济性原则，以节约为前提探讨任务要求的最优解答，契合本项目在校园中的定位。

总体布局

经管—环能建筑组团整体呈E字形布局，围合两个院落。经管楼与环能楼为完全脱开的两栋建筑，其中环能楼包括一相对独立的公用报告厅。经管学院位于地段东侧，环能学院位于地段西侧，两个学院之间以道路和绿化分隔。经管楼与环能楼的布局均为南侧是南北向的教学楼，北侧是东西向的实验楼。

设计立意

1. 建筑与环境有机互动

设计充分考虑地段的建筑与周围校园环境特点，讲究建筑与校园环境的结合。设计中充分利用地段东侧的校园核心景观区，将室外景观引入建筑内部。

2. 功能布局紧凑集约

对功能要求进行理性分析，将各功能空间集约布置，既分区明确又有机结合。教学楼与实验楼相对独立，以连廊连接。基于实验楼面积的要求和地段南北边长较窄的现状，打破L形布局，将实验功能分布在东西朝向的两栋楼内，教学功能集中布置在南北朝向的一栋楼内。在满足教学和实验功能在空间上独立的同时，加强教学和实验之间的联系，便于师生在两种功能之间频繁转换。

3. 报告厅独立灵活

将环能学院的报告厅从主体建筑独立出来，供经管学院与其他院系共用，位于环能学院北向院落中心。设计注重报告厅的功能灵活性，使报告厅不仅可以承担学术讲座、工作会议、节日庆祝等日常活动，还兼有举办长期展览和举办小型音乐会的作用，为校园增添文化艺术气息，成为组团建筑中的点睛之笔。

4. 建筑形象简洁大气

经管—环能建筑组团对两个学院整体考虑，以理性处理体块关系，用3个短盒子与两个长盒子的穿插构成有力的建筑形象。3个体量相同的短盒子平行布置，形成强烈的节奏感和韵律感；两个长盒子一字形排开，檐口高度一致，凸显北方校园建筑的恢宏大气。短盒子底层通透，上部坚实，稳重而不失轻盈；长盒子短面通透，长面坚实，强调建筑的方向性。

5. 立面设计合理独特

体量与尺度：与校园内的整体建筑环境相协调，尊重校园规划设计导则中的街墙概念，维持校园内"背景"建筑的身份。

形式特色：经管—环能建筑组团立面形式结合空调机位设计，探讨符合功能且节约空间的可能性。立面巧妙处理空调机位与室内空间和隔墙位置的多种关系，在满足功能需求的同时创造出合理而独特的立面形式。

色彩与材料：经管—环能建筑组团主建筑采用灰砖为材料，典雅的色彩与富于文化意蕴的建筑肌理，传承"学府"、"书院"的文脉与历史。独立报告厅采用红色的灯芯绒混凝土和玻璃幕墙为材料，成为灰色背景上的一笔亮色，注入生机和激情，激发庭院中的交往活动，投射富有时代气息的建筑之美。

细部造型：运用传统砖石材料和现代的混凝土以及玻璃幕墙，以简洁的造型手法进行组合，体现强烈的工业感和时代感。

6. 室外空间性格多样

经管—环能建筑组团方案注重营造丰富的室外空间，为师生提供思想交流碰撞的大平台。方案以典型的院落围合，形成经典校园空间，具有明确的地域特征。经管学院的院落开放性强，阳光充足，以硬质铺地为主，提供充足的活动空间；环能学院的院落围合性强，服务于全校的小报告厅置于其中，结合室外平台和植物种植，提供稳定高效的学术交流环境。

7. 屋面空间功能复合

经管—环能建筑组团屋顶空间具有相关设备的展示功能，为环能学院提供教学场所。屋顶空间有遮阳隔热的格栅顶盖，形成气候缓冲层，有效防止屋顶过热，节约能源。屋顶空间完整的结构体系有利于弹性发展，预留足够空间为将来改造加层、远期发展提供可能。

2~4. 外立面实景

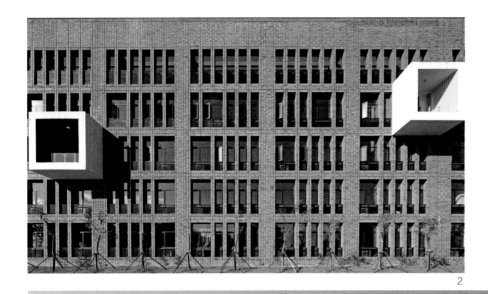

2

3

5. 内院实景
6. 建筑内部通高空间
7. 立面虚实对比
8. 外立面实景

9~10. 院落组团实景

10

沿街骑楼及主入口（西乡路）

城市可视为简单结构的无限重复，人们通过对这些最小单元的重构来构建城市，所以建筑师应该从小处着眼。

钓鱼台七号院
Courtyard 7 of Diaoyutai State Guest House

建设地点	玉渊潭北岸，北京
建筑性质	居住建筑
总用地面积	1.67hm²
总建筑面积	7.3万m²
设计单位	清华大学建筑设计研究院
设计人员	庄惟敏、方云飞等
竣工时间	2010.12
获奖情况	获2009年全国人居经典建筑规划设计方案竞赛综合大奖
	获全网"第十一次优秀设计工程评选"单体设计二等奖

传统开启新的传统

设计力图在延续地域文化传承和历史传统的同时，以一种全新的"历史"态度、全新的"传统"建筑，创造新的经典、开启新的传统。

规划

用地南距玉渊潭80m，项目整体规划呼应玉渊潭北岸的独特自然地貌，充分利用用地的景观特征，100户公寓沿湖面展开，景观得以极致。

建筑设计没有刻意的风格，就如同建筑本源就没有东西之分。容括东西的建筑元素，在建筑上进行着精致的组合。看似传统的建筑细部，表达着全新的现代设计，传递着动人的内在气韵。

材质

建筑采用100万块传统工艺烧制的红砖，通过现代砌筑的手法，应用于建筑的墙、柱、屋檐、腰线等部位，质朴亲切。

原铜点缀于建筑窗下，阳台、栏杆、扶手等部位的原铜板，都在近人部位设置，随时间流转，都会在其上留下痕迹。

石材的古朴、凝重是红墙的完美搭配，通过手工打磨的石材装饰、线脚柱头，传递着建筑朴素的气息。

技艺

钓鱼台七号院的外墙砌筑工艺采用清水砖幕墙系统，这是针对剪力墙高层住宅系统开发的一种外装饰系统，红砖采用定制的手工三孔砖。剪力墙系统在每层层高（3.4m）处设结构挑板承载每一层的砖荷载，在每层1.7m处增设配合建筑造型的钢结构骨架，砌筑过程中每隔3~4皮砖设水平向拉结筋，纵向每隔0.6m~1.2m通过三孔砖的砖孔纵向穿钢筋，内灌砂浆，与水平筋拉结，形成整体板状墙体并与预埋在混凝土结构内的预埋件形成刚性连接，使之整体稳定。砖幕墙系统在美化建筑造型的同时，由于其与内部结构体系留有空气间层，形成了对结构体系的保护，提升建筑的保温节能性能。

文化

钓鱼台七号院，契合建筑的中国传统装饰元素，将十二章纹的文化元素贯穿其中，配合唐草、浮尘与云纹图案，抽象后点缀于建筑之中，丰富建筑肌理，彰显历史文脉。

1. 立面局部
2. 玉渊潭北岸地貌

3

4

3~4. 建筑外景
5. 立面局部
6. 公寓入口

7. 立面局部
8~9. 丰富的建筑肌理

8

9

刻意地追求以建筑表达建筑以外的东西，将会走入形式主义的圈套。

钓鱼台国宾馆3号楼和网球馆
Tennis Hall of Villa 3 in Diaoyutai State Guest House

建造地点	北京钓鱼台国宾馆院内
建设单位	钓鱼台国宾馆管理局
建筑性质	宾馆接待楼
用地面积	4379.41m² (建筑基底面积)
总建筑面积	12129.08m²
建筑层数	局部3层
建筑高度	17.7m
容积率	0.35 (园区整体指标)
设计单位	清华大学建筑设计研究院
设计人员	庄惟敏、任飞、蔡俊、杜爽
设计时间	2009.03~2009.08
竣工时间	2011.05

钓鱼台国宾馆坐落于北京三里河路西侧的古钓鱼台风景区，始建于1958年，是国家领导人外事接待的重要场所。国宾馆全园占地42hm²（湖水面积约7hm²），初期建成15栋别墅式接待楼，总建筑面积16.5万m²。原3号楼即为其中之一，后又就近增建了网球馆。随着国宾馆使用需求的不断发展，原3号楼和网球馆功能、规模及服务标准也迫切需要改善。

原址重建的新3号楼和网球馆于2009年初开始设计，同年8月破土动工；历经两年，2011年5月落成。新建筑地上3层，地下1层，面积12129.08m²。3号楼主要功能包含首层独立使用的大会客厅，大、中、小餐厅各一处，厨房、接待大堂及部分客房；二、三层主要为包含团长房等在内的共计26自然间的客房。网球馆包含两块室内标准场地及更衣间、休息区等必要的配套设施。建筑地下室总共约4000m²，包括设备机房和车库。3号楼主入口设置在建筑西侧，辅助入口和网球馆主入口设置在北侧。

国宾馆园区整体规划延续了中式造园理念，湖岛相间；建筑布局主次分明，3号楼用地位于园区主轴线东侧，面西而立，处于从属地位。新建筑的设计，充分尊重园区整体规划的空间序列，定位"背景建筑"，服从全局，烘托环境主题。

为契合整体规划思想、维护园区已有的尺度和肌理，新建筑采用化整为零的办法减小建筑的体量感，围合内院、体块咬合搭接形成退台，避免了大体量的出现，客房楼单走廊模式布置满足了其良好的采光和通风需求。新建筑的造型采用红砖坡屋顶的形式，呼应原3号楼具有民族特色的设计。歇山顶山墙设置建筑主入口，白色门廊、砖饰面线脚等元素的应用，延续了建筑环境的记忆，对国宾馆建筑文化的传承起到重要的积极作用。建筑局部3层部分向后退让，避免了由于规模增加带来的扩张感，叠落的平缓四坡屋顶使建筑体量层次更加丰富。网球馆主体造型为四坡盝顶，檐下内收，从视觉上降低了高度。

新建筑外墙采用了"夹心"砖幕墙搭配石材干挂的做法，立面效果立体、细腻。建筑窗上、下及层间部位逐层出挑的竖砖腰线，调整了立面竖向比例；主入口部位及墙面盲窗部位采用丁头砖装饰，避免了立面过于呆板压抑，光影生动。局部铜质装饰烘托出建筑整体的文化气质。

古树植物是建筑环境历史的重要组成，设计和建造中保留了原建筑入口处标志性的古松，留下了记忆。

建筑室内注重表现民族特色的建筑文化，设计定位"高大敞亮、庄重典雅"，以考究的陈设形成大气的文化品位。接待大厅的设计简约现代，通过光影变化烘托空间意境。内院作为大厅的空间延续，很好地增加了对景的层次感。网球馆室内简洁、动感，局部饰装饰纹样，增加了文化气氛，避免了体育活动场地千篇一律的单调感。

1

1. 鸟瞰效果图
2. 原3号楼外景
3. 新建3号楼西立面图
4. 新建3号楼外景

5 6 7

5. 入口处细部设计
6. 外墙细部设计
7. 窗墙细部设计
8. 主入口
9. 入口处钉头砖墙
10~12. 钉头砖墙设计

8

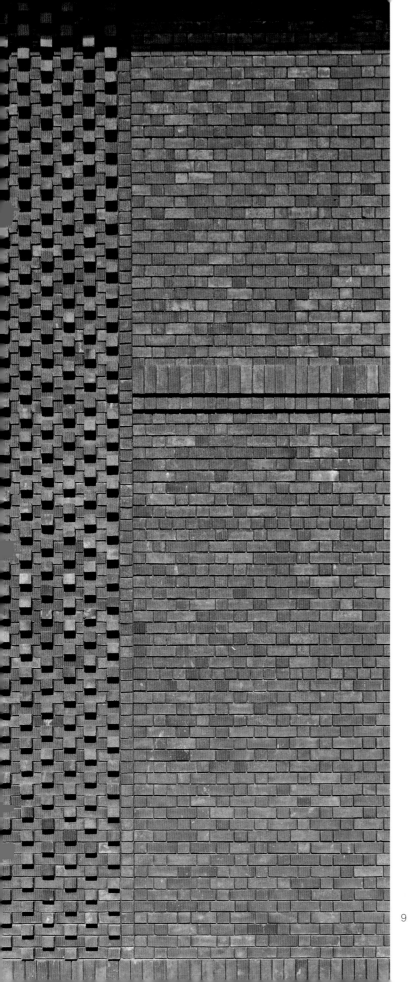

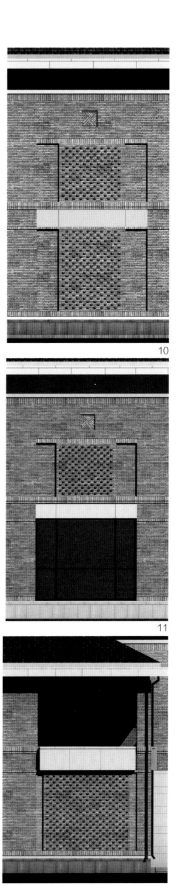

13. 平面图
14. 新建3号楼西南景观

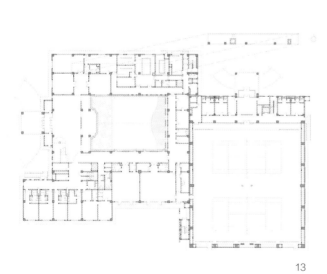

13

15~16. 内庭院
17. 二楼接待室

16

17

建筑的精神意义被视为建筑的灵魂,所以建筑设计有时需要抛弃"空间"的本位。

北川抗震纪念园幸福园展览馆
Happiness Hall, Beichuan Earthquake Memorial Park

建设地点	四川北川
建设单位	北川新县城建设指挥部
建筑性质	展览建筑
用地面积	2308.31m²
总建筑面积	2353.48m²
容积率	0.17（幸福园整体平衡）
建筑层数	地下1层，地上1层
建筑高度	13.6m
设计单位	清华大学建筑设计研究院
设计人员	庄惟敏、任 飞、蔡 俊、汪晓霞
设计时间	2009.06~2010.04
竣工时间	2010.12

1. 总平面图
2. 展馆暮色

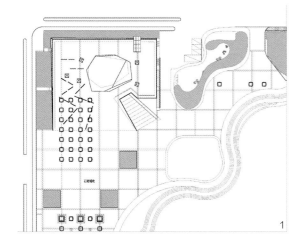

北川羌族自治县抗震纪念园选址于北川新县城中部，东临羌族风情商业街，西端为民俗博物馆。纪念园自东向西分为三部分，依次为静思园、英雄园和幸福园。展览馆位于幸福园西北侧，建筑占地约2000m²，是幸福园的主体建筑，是陈列展览、记录传播北川人民抗震救灾、重建家园乐观精神的重要载体，同时也是市民交流、沟通、休闲的场所。

建筑以富有雕塑感的"白石"造型设计呼应并共同形成抗震纪念园的主题。建筑主体以幸福园广场的延伸，形成地景平台；主展厅体量简洁纯净，抽象为"白石"的意象，以含蓄现代的手法表现传统羌族文化，暗喻"神圣"、"庇护"、"吉祥"，为新北川祈福；开敞的景观平台与广场绿地相结合，提供亲切、和谐的城市公共生活空间，表达对未来幸福生活的希望。

展览馆建筑单体的布局力求在纪念园整体设计中求得均衡，因此在地段内采用非对称布局，面向园区中心及水面方向进行适当退让，留出广场人群活动的余地。建筑上人倾斜屋面坡度适宜，有利于人群停留活动。结合铺装，斜坡屋面种植了乔木，并设置了"之"字形休息座椅；这些不断升起的和水平的场地形成了露天表演场，提供了人性化的市民休闲场所，与幸福园共同形成丰富的城市生活广场。

展览馆的主入口设在建筑东南侧，参观人流和贵宾流线由此进入。参观人群和市民也可直接沿缓坡行至屋顶平台之上。后勤、展品流线设置在北侧，结合建筑东侧微地形与广场分区。建筑东侧设置公共卫生间，从下沉无障碍坡道和台阶进入，为整个纪念园和城市提供便利。展陈空间主要集中在-6.00m标高层，上下两层主要以缓坡道连接。参观人流由地面层东南侧进入门厅，可由一层门厅到达序厅、临时展厅和-6.00m主展厅。观众服务设施与公共服务设施设在首层（-2.00m标高）入口附近。管理办公等辅助用房设在北侧上下两层，货运电梯设在货运出入口附近。

展陈流线围绕主展厅城市沙盘延缓坡道排列，人流可环绕并俯瞰城市沙盘全景。同时结合多媒体、图片、模型、实物展等类型，创造出丰富、现代化的展览体验。建筑单体主要使用当地材料，外部以青石、白石为主，以地方特点的材料搭配实现建筑设计的意图；室内使用石材和木材，将建筑外环境延续至室内，同时又不乏亲切之感。

3. 遥望纪念碑

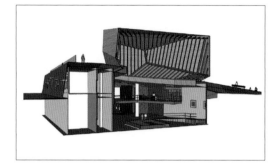

4. 内部透视图
5. 展馆立面局部

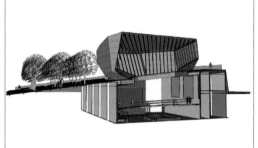
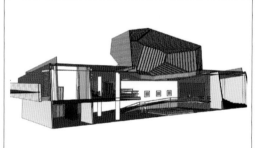
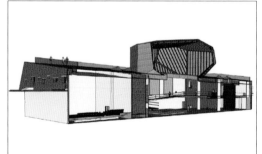
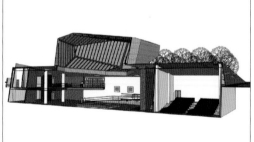
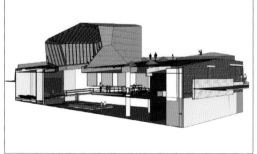
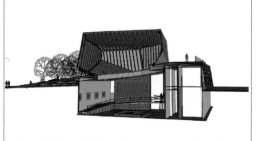

6. 纪念碑
7. 斜坡屋面
8. 建成后主入口
9. 白石倒映

平台、台阶、中庭、内院所构成的大学公共交往空间，是除去教室、阅览室、实验室等大学基本功能空间之外的，最值得期待和营造的校园场所精神的物质表达。

长春中医药大学图书馆
Library of Changchun University of Chinese Medicine

建造地点	长春中医药大学校园内（长春市净月经济开发区）
建设单位	长春中医药大学
建筑性质	高校图书馆
用地面积	2.88hm²
总建筑面积	30717m²
建筑层数	5层
建筑高度	23.95m
设计单位	清华大学建筑设计研究院
主创人员	庄惟敏、杜爽、许笑梅、任飞
设计时间	2007.02~2007.10
竣工时间	2011.08

工程概况
本工程位于长春中医药大学新校区校园北部，占地面积28800m²，总建筑面积30717m²。项目地块处于校园新区的中心位置，西、南侧为学生生活区，与学生宿舍、食堂相邻。东侧为规划保健教学楼，北邻天鹅湾及海豚广场。

功能组成
本工程包括100万册藏书图书馆、1100人多功能报告厅及学校研究生院三部分内容。结合用地条件，总平面规划将以上三部分集中设置，其中图书馆位于地段南部，地上5层，由南侧室外大台阶直接进入二层图书检索区；北侧中部为多功能报告厅，人流出入口设于北侧；东西两侧为研究生院，地上4层。在东西两侧分设出入口，在各层可以与图书馆及报告厅相连通。

设计特色
1. 以简洁现代的造型手法营造中医学术圣殿
建筑造型以方正的大尺度柱廊来营造庄严的学术圣殿形象，也暗合了校园总体规划中"四库"的概念。

入口处大台阶仿佛"书山之路"，主入口门廊象征"知识圣殿的大门"，东西侧斜墙仿若展开的书页，一同烘托出学术殿堂的浓厚氛围。

2. 模数化设计打造自由灵活的建筑空间布局
整体采用模数化设计，同层高、同柱网、同荷载框架结构体系，便于空间灵活使用。

图书馆、研究生院和报告厅集中设置，但各功能体块分别设置主要出入口，人流既可完全分开也可相互联通，便于将来功能调配，符合可持续发展原则。

3. 生态化设计理念
充分考虑地域特色和建筑节能要求，体形方正，布局紧凑。外围护结构以实墙面为主，结合局部南向玻璃幕墙，以适应北方严寒气候。

东西向阅览室外墙设计成45°南向倾斜，有效避免东西晒，同时打破平直墙面的单调感，仿佛展开的书页，暗合了建筑物的使用性质。

3个不同尺度的内庭院设计，满足了大进深建筑采光通风要求，同时丰富了建筑空间层次。主庭院南向层层退台，为庭院北侧用房争取最大采光效果。

4. 强调人文空间的环境设计
利用内院、平台、台阶、中庭、咖啡厅等形成开敞、半开敞共享空间，为师生员工提供多层次的、亲切宜人的学习交流和思考的场所。

5. 体现校园文化内涵的建筑材质与色彩
主体建筑以浅灰色石材柱廊与红色砖墙精心组合，构成清新、自然的校园景观，灰、白、红的色彩搭配同时具有中国传统绘画的精神意境，与中医药大学的研究内涵正相契合。

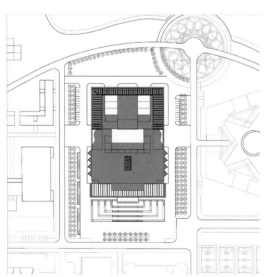

1

1. 总平面图
2. 外立面实景

2

3. 手绘效果图
4. 主入口透视夜景

5. 主入口大台阶
6. 首层平面图
7. 二层平面图
8. 主入口夜景
9. 主入口柱廊夜景

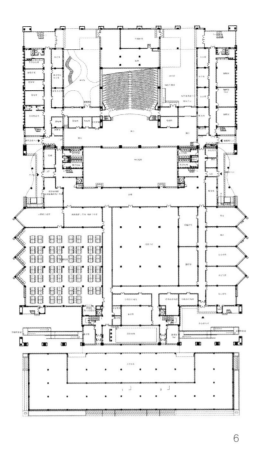

6

8

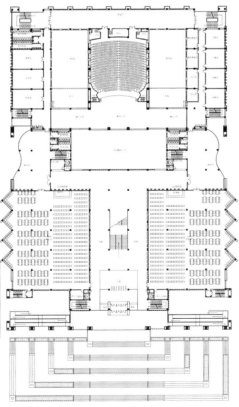

7

9

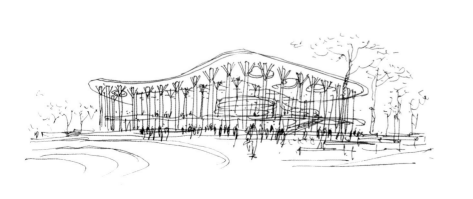

为了复杂而设计的表皮，显得矫情，那种牵强和偏激的建筑语汇失去了表达建筑本意的能力。

云南财贸学院游泳馆
Natatorium of Yunnan Institute of Finance and Trade

建设地点	云南昆明
建筑性质	体育、教学
建筑面积	13140m²
设计单位	清华大学建筑设计研究院
设计人员	庄惟敏、巫晓红等
设计时间	2005年
竣工时间	2010年

1. 全景图
2. 平台

3. 室内泳池
4. 平台
5. 天窗

3

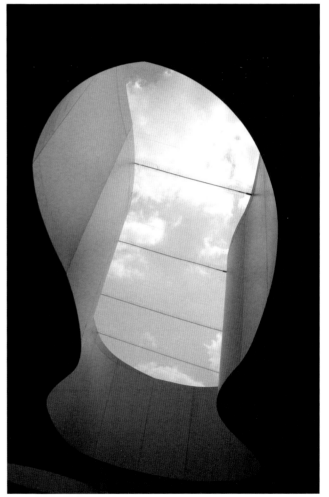

4

5

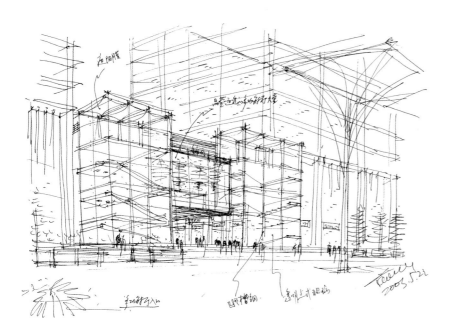

建筑的叙事性一直左右着我的创作状态，在我的创作过程中总是伴随着建筑空间中人们的生活，他们每每上演在我的笔与纸之间。

浙江清华长三角研究院创业大厦
Chuangye Building of Yangtze Delta Region Institute of Tsinghua University

建造地点	浙江省嘉兴市
建设单位	浙江兴科科技发展投资公司
建筑性质	办公科研
用地面积	7.37hm²
总建筑面积	9.46万m²（一、二期）
建筑层数	21层/-3层
建筑高度	97.90m（檐口）
容积率	2.08（总体）
设计单位	清华大学建筑设计研究院
设计人员	庄惟敏、宋晔浩、姚虹
设计时间	2004.12~2005.09
竣工时间	2008.11
获奖情况	获2009年教育部优秀勘察设计建筑设计三等奖

浙江清华长三角研究院位于浙江省嘉兴市秀城新区嘉兴科技城北侧，北至中环南路，南至科技城二号路，西至科技城的城市公园（曹家桥港），东至科技城的规划主干道亚太路，许家港由东向西横穿用地。创业大厦为整个研究院的首期建筑，由孵化器、行政办公楼、学术交流等多种复合功能构成，平面布局以双塔为主体，一次设计，分A、B段两期建设。

本工程为浙江清华长三角研究院首期创业大厦A段，为办公科研建筑。地下二、三层为汽车库，其中地下三层为平战结合六级人防物资库。地下一层为职工餐厅、厨房、物业办公及各工种设备用房。首层设大堂、多功能厅、180人报告厅、贵宾接待室、商务中心、商店、银行等；二、三层设置了办公室、会议室、培训室及各类健身用房等；裙房南侧的屋顶上设置了室外网球场。标准层为办公层，为满足各种不同的市场要求，配置了五种不同的办公模块：A型标准式办公室，层高3.8m；B型通高式办公室，层高6.6m；C型复式办公室，两层共高6.6m(3.3m1层)；D型及E型公寓式办公室，层高3.8m，设内部公共卫生间。

为达到环保节能要求，在外檐设计中幕墙内侧设置了1000mm高的窗下墙及高900mm的结构垂壁并在围护结构与幕墙间设置保温层。各办公建筑的东西立面采用了不同透光率的玻璃及铝板幕墙系统，并局部设置了竖向遮阳，通过控制东西向阳光的直接透射比达到降低空调能耗的目的。玻璃幕墙采用断桥型钢窗、中空玻璃，提高了外围护结构的热工性能。依据当地气候条件，加强主楼标准层的通风设计，在满足节能要求的窗地比的前提下尽量加大标准层的开窗面积。在高层塔楼屋顶设计了屋顶花园，既改善了局部小环境，又改善了屋顶的保温性能。

本工程建筑造型及立面设计考虑了江南水乡特色，并结合清华早期建筑采用红砖的特点，同时表达鲜明的时代气息。设计中采用了通高的陶土外挂板单元和玻璃幕墙体系，外挂板的数量从低层到高层，逐层递减，展现了从地到天，从实到虚的渐变。塔楼的东西立面则采用双色相间铝扣板幕墙，利用不同表面处理的肌理混排，形成一种变化有序的效果。塔楼顶层为屋顶花园，花园顶部设计了与侧墙相同的遮阳体系。裙房则采用了大面积的玻璃幕墙，以体现建筑的科技性和时代性。

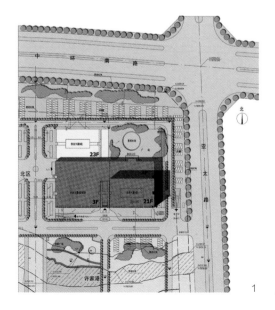

1

1. 总平面图
2. 主楼侧面细部

3. 主楼侧面细部
4. 庭院水池
5. 主楼南立面局部

4

5

建筑创作的过程充满了不定性的诱惑，建筑师在不断否定自身先前构思又萌发新的理念这样一种不断寻求新的平衡点的状态中体味创作的乐趣。

丹东市第一医院
Dandong First Municipal Hospital

1. 总平面图
2. 夜晚通透晶莹的入口大堂

建设地点	丹东市
建设规模	333床（一期主体）
总建筑面积	29941m²
设计单位	清华大学建筑设计研究院
设计人员	庄惟敏、方云飞等
设计时间	2005.04~2006.05
竣工时间	2008.10
获奖情况	获2009年教育部优秀勘察设计建筑设计二等奖
	获2010年行业奖（原建设部）优秀勘察设计建筑设计二等奖

丹东市第一医院位于辽宁省丹东市，设计所展现的是一全新的丹东市第一医院：先进的双轴理念、朴素的人文气息、宜人的园林设计、贴近患者的室内设计。

创造先进模式——双轴

"双轴"理念是新医院建设和发展的核心思想，设计改变传统医院单轴通道的设计模式，设两条轴线贯穿医院，成为联系各部门的交通空间，两轴之间设置核心医技单位，服务一期及未来的二期。

双轴理念给医院建筑的生长带来了极大便利，一二期的衔接将更加灵活，二期可以根据不同需要在西轴不同位置接入，甚至医院远期医疗功能的接入也成为可能，任何医疗功能的接入都不影响整个医疗构架的完整性。

双轴的植入大大削弱了二期建设对一期的影响，西轴本身也是一种屏障，将二期的噪声、污染等不利因素加以隔绝，充分保障一期的顺利运转。

轴线的设计更加自由，宽度可以根据功能和人流加以调整，一期东轴由南向北逐渐变窄，局部结合庭院扩大为等候等停留空间；二期西轴同样可根据功能将宽度进行收放处理，将东西双轴打造成极富特色的医院空间。

打造人文医院——红砖

建筑设计着力改观医院固有的白色或者暖灰色调外装的形象，以4种色差红色面砖按一定比例拼贴为主要建筑饰面，配合玻璃、金属，力求打造一种具有人文气质的医疗建筑。

医院的外立面设计对红砖进行了多样的表达：裙楼的红白体块搭配强调经典的节奏和变化，病房楼南立面跳跃的砖带和白色线条的穿插大大弱化了建筑体量，而病房楼北立面更加注重体量感和虚实的搭配，带形长窗和空调挑板成为立面自然的构成元素。建筑墙面进行了整体的排砖设计，窗口、檐下都在尝试用一种新的方式演绎红砖。

营造宜人环境——院落、地势

综合考虑医院的使用特征，方案积极利用自然采光和通风，院落的引入不仅仅打破了东西轴线长线条带来的疲劳性，美化了医院环境，同时对于各个单元的通风起到了积极的作用。

场地的高差变化为景观设计提供了便利，建筑入口缤纷的花台及喷泉水景形成了大气而丰富的景观层次；建筑东侧平台结合地形设计了起伏的绿丘景观系统，绿树掩映下医院分外亲切自然；北侧的缓坡山体公园成为病人天然的康复乐园。

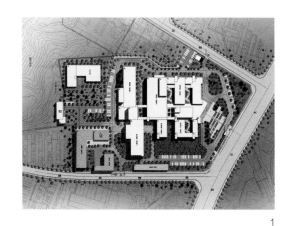

1

3. 夜色中的丹东第一医院，平静，祥和
4. 入口鲜明的虚实对比

塑造近人尺度——材质、空间

医院的室内设计力求贴近患者，大厅简洁通透，采用暖灰烧毛石材为主色调，配合局部磨光处理，体现微妙的细节变化；空间利用地面和顶棚相互呼应的导向转折设计，配合深色石材的提示，巧妙地将人流在入口处进行了引导转折，同时也丰富了地面和顶棚的设计。

门诊单元的设计强调空间的归属感、识别性和舒适感，每一个门诊单元采用不同颜色进行一系列的空间设计，从单元入口的强化到护士站、内部的柱子装饰。巧妙地利用柱子及地面铺装形成舒适且便捷的门诊等候空间。不同单元功能的等候空间设计是室内设计的重点，无论是药房的候药区域，还是影像中心的等候空间，都强调自然空间的渗透及联系。

5~7. 建筑外景

8. 病房楼窗口线条处理
9. 病房楼的立面构成

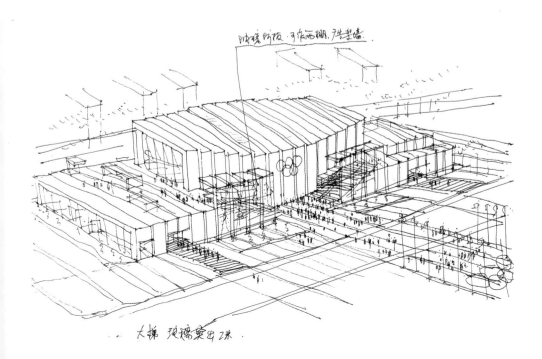

奥运无疑是属于全人类的。她打破了国界、种族、宗教、政党，是一个开放的大家庭，她所表达的是人类最原始、纯朴和本原的诉求。"奥运"不是其场馆建筑的"标签"，当奥运会16天盛事结束时，奥运场馆都将必然地转换为为社会服务的场所，它们是奥运的，更是社会的，是人居环境的一部分。

2008北京奥运会柔道、跆拳道比赛馆（北京科技大学体育馆）
Judo and Taekwondo Venue of 2008 Beijing Olympic Games (Sports Stadium of Beijing University of Science and Technology)

1. 手绘图
2. 观众入口

建设地点	北京科技大学
用地面积	2.38hm²
建筑用途	专项体育建筑
总建筑面积	24662.32m²
	其中地上22060.35m²，地下2601.97m²
建筑密度	53.6%
容积率	0.93
绿地率	学校整体绿地平衡42.93%
建筑高度	体育馆23.75m(檐口高度)
	游泳馆13.14m(檐口高度)
座席	赛时共计8012个标准席
	（固定座席4080个、临时座席3932个）
	赛后共计5050个标准席
	（固定座席3820个、活动座席1230个）
设计单位	清华大学建筑设计研究院
设计人员	庄惟敏、栗 铁、任晓东、梁增贤、董根泉
设计时间	2004.11~2005.09
竣工时间	2007.11
获奖情况	获2005年首都公共建筑优秀设计二等奖
	获第五届中国建筑学会建筑创作佳作奖
	获北京市第十四届优秀工程设计奖二等奖
	获北京市奥运工程优秀勘察设计奖、北京市奥运工程落实"三大理念"突出贡献奖
	获2010年行业奖（原建设部）优秀勘察设计建筑设计二等奖

项目概况

2008北京奥运会柔道、跆拳道比赛馆（北京科技大学体育馆）承担奥运会柔道、跆拳道比赛，在残奥会期间作为轮椅篮球、轮椅橄榄球比赛场地。工程由主体育馆和一个50m×25m标准游泳池的游泳馆组成，总建筑面积24662.32m²。可承担重大比赛赛事（如残奥会盲人柔道、盲人门球比赛、世界柔道、跆拳道锦标赛），承办国内柔道、跆拳道赛事，举办学校室内体育比赛、教学、训练、健身、会议及文艺演出等，也是校内游泳教学、训练中心及水上运动、娱乐活动的场所。

"立足学校长远功能的使用，满足奥运比赛要求"的理念贯彻在整个设计中。设计的首要原点是符合学校的使用，功能的组成、空间的设置、赛后空间功能的转换及技术策略的选择都以此为原点，而后按照奥运大纲梳理奥运会比赛的工艺要求。之后，在设计中贯彻的方便拆卸的脚手架式的临时座席的设置、赛后转换的两个室内篮球场的设置、标准游泳池中为热身场地的设置、光导管自然采光系统的设置、多功能集会演出系统的设置、太阳能热水补水系统的设置、游泳池地热采暖系统的设置等都实现了设计当初的理念。

通过方案设计招标，清华大学建筑设计研究院取得了柔道跆拳道馆的设计权，设计及配合施工历时3年，该项目于2007年11月竣工验收。

功能分区

比赛馆包括60m×40m的比赛区和观众座席8012个，共分五部分：
1. 贵宾、官员通过两部独立楼梯与首层的贵宾休息区和二层的咖啡厅、要人备勤、地下一层的要人避难处相连接，形成完整独立分区。

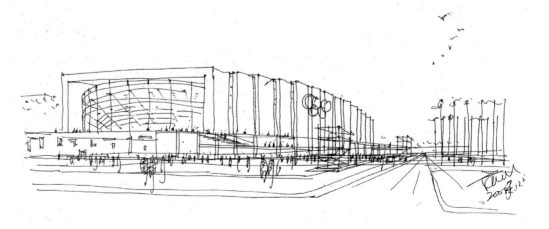

1

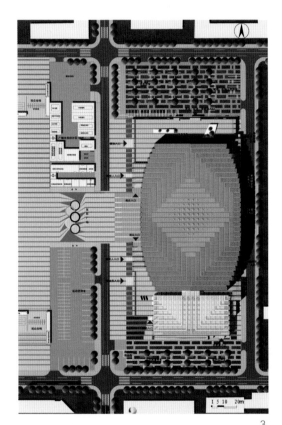

3. 总平面图
4. 建筑实景
5. 建筑外景

2. 新闻媒体包括电视转播媒体、文字媒体、观察员席和摄影记者，通过场地西北角专用楼梯与一层的新闻发布厅、分新闻中心、混合区相关设备用房及场外的媒体技术支持区相连。

3. 运动员通过场地西北侧专用楼梯与一层的运动员区的比赛热身区、运动员更衣、休息、赛前检录区相连。

4. 普通观众通过南北两侧的二层室外广场经观众休息厅进入比赛馆。

5. 残疾人比赛期间随普通观众通过安检后经比赛馆西侧两部残疾人专用电梯和南侧无障碍坡道到达二层残疾人专用席。

建筑专业技术设计

1. 光导管照明系统

（1）光导管照明系统光线的高效采集问题
针对本体育馆光导管照明系统研制开发专用模具，对普通采光帽进行技术更新，使其采集更多的太阳光。

（2）光导管照明系统的光线高效传输问题
光导管照明系统的核心部件是光导管本体，利用全反射原理来传输光线。本项目采用具有国际领先水平的谱光无限光导管，其光的一次反射率高达99.7%，可最有效地传输太阳光。

注： 采用反射率99.7%的光导管与98%的光导管相比，当管道长为7~8m时，采光效率相差2~3倍。

（3）光导管照明系统材料的绿色环保问题
为了体现"绿色奥运"的要求，采光帽、漫射器均采用可回收的有机塑料制成，具有专利技术的采光帽可滤掉大部分的紫外光，反射绝大部分的可见光。使用起来舒适，有效地防止紫外线对室内物品的破坏。

（4）太阳能光导管系统光线的均匀分布问题
采用透镜技术制成的针对本体育馆的专用漫射器，将光线均匀地漫射到室内，使房间内无论早晚、中午都可沐浴在柔和的自然光中。

（5）安装光导管照明系统的屋面防水问题
由于原屋面为铝镁彩板屋面，如何防水是一个关键问题。本项目计划采用防水平板+套筒+防水件+进口胶带的做法。其中防水平板用来调整屋面变形，套筒+防水件+进口胶带用来保护采光帽的防水。

（6）光导管照明系统采光效果的测试问题
对北科大体育馆光导管照明系统采光效果进行测试与分析，指出改进建议。

2. 太阳能热水系统
体育馆的太阳能热水系统的集热面积为860m²，日产40~60℃的生活热水最高达80m³。设计中需要体现以下几个特点：
- 系统设计的自动化体现奥运理念的高科技特征
- 系统设计技术措施体现奥运理念的人文特点
- 系统设计的环境因素体现奥运理念的绿色环保特性

3. 复合金属屋面和幕墙
充分利用可再生自然资源——以适宜技术最大限度地节约能源，选择成熟、可靠、易于维护操作的建筑技术，

6~7. 观众入口处局部

充分利用阳光、雨水、自然风等可再生资源，巧妙解决体育馆空调、用水、用电等能源问题。

体育馆在北京市节能50%(北京市现行《公共建筑节能设计标准》)的基础上进一步降低外围护结构的能耗。通过降低体形系数0.11、全面提升外围护结构的保温性能。建筑外墙为框架结构内填200mm厚陶粒轻质混凝土空心砌块导热系数≤0.22W/(m·K)。外设30mm厚挤塑板导热系数≤0.03W/(m·K)保温层，主体部分外敷砖红色铝单板墙面（带50mm厚保温棉）双重保温，裙房部分外敷预制水泥板。玻璃采用6+12+6 LOW-E钢化中空玻璃。为减弱太阳东西晒对体育馆的影响，在立面设计时采用了相对封闭的设计手法，只设置了少量的外窗，大部分采用复合金属幕墙，使夏季整个体育馆的能耗大幅降低。

4. 场馆内整体吊顶系统

体育馆内采用了穿孔铝单板吊顶

（1）满足体育馆整体美观的需要，将钢网架结构众多杆件、风道、桥架、设备、马道遮挡起来。

（2）吊顶的造型是将柔道、跆拳道比赛中的"带"的理念在室内设计上进一步地延伸和体现。

（3）穿孔铝单板吊顶背后增加了50mm的离心玻璃棉，这样的设计解决了体育馆比赛时对声学效果的要求。

（4）穿孔铝单板吊顶同时也为光导管安装提供平台。

5. 体育馆声学设计

音质设计根据各馆的使用功能和尺度，防止长距离声反射引起的回声，为观众提供良好的听闻条件，主要比赛场馆的满场中频最佳设计混响时间为1.3s。根据最佳混响时间控制各个馆室内装饰材料中的吸声材料的分布、面积及构造做法。

在噪声控制方面，重点采取隔声、吸声、消声等措施，减少设备噪声对比赛厅可能产生的影响。对设备间的楼板采用浮筑楼板，防止固体声的传播；设备间墙体采用双面双层轻钢龙骨石膏板隔墙，内填空腔和吸声材料，隔声量R_w达到53dB；设备间的门窗均采用隔声门和隔声窗。

6. 手架临时座椅系统

在南北两侧三层设置了两个大平台，赛时在平台上布置活动脚手架临时座椅，与固定座席共计8000席的座席满足赛时需要。赛后将平台上的临时座椅拆除，恢复为平台，作为赛后学校训练馆来使用，保留4000席固定座席为学校使用。

7. 室内临时房间及设施

游泳馆为满足赛时对功能房间的使用，在游泳池上加盖板，再布置赛时临时房间，这样考虑的同时也满足奥运会和残奥会之间的快速转换，改动较小，经济实用。赛时在看台上增加临时媒体记者席和摄像机位，可以满足赛时媒体转播需求。

8. 看台的视线分析设计

看台的视线分析设计考虑了赛时转播的需要和赛后作为学校综合体育馆的使用，避免大的拆改，节约成本。

9. 体育馆遮阳系统的设计

体育馆西侧的新型复合金属幕墙，大大减少了西晒而引起的热负荷，从而达到体育馆使用节能的效果。游泳馆二层南侧设置了铝合金遮阳百叶、西侧设置了的彩釉玻璃幕墙遮阳系统，大大地降低了夏季游泳馆的热负荷，减少了能耗。

10. 地下管线集合系统

地下管线集合系统内容纳了给排水、电气、暖通等众多管线系统，该地下管线集合系统使各种管线在地下集中布置，便于管线的安装和维修，节约了工程造价和建筑面积。

11. 自然通风系统

在体育馆西侧安装的新型穿孔金属幕墙，当室内的窗户开启时，可以与比赛场地东侧的大门形成空气对流，形成良好的通风效果，带走场地的热量，同时也避免了西晒的能耗问题。

赛后在南北两侧的训练馆的玻璃幕墙设置了足够的可开启的玻璃窗，赛后作为训练馆使用时可以自然通风，游泳池的顶部玻璃幕墙设置了可开启的玻璃窗，充分满足了夏季的自然通风。

12. 观众大平台的排水系统

在体育馆南北两侧的观众大平台采用了反梁的结构，架空屋面形式，使雨水在架空层内排走，这样既保证了观众集散平台的功能，同时使整个观众大平台保持平整、美观，没有积水现象。

8~9. 室内实景

8

9

是奥运的，更是校园的
—— 2008北京奥运会柔道、跆拳道馆（北京科技大学体育馆）设计
For the Olympic Games and For the Campus
- Judo and Taekwondo Venue of 2008 Beijing Olympic Games (Sport Stadium of Beijing University of Science and Technology)

文 / 庄惟敏

2004年底是北京奥运项目投标的第三个年头，也是方案国际竞赛接近尾声的时刻。清华大学建筑设计研究院在参与了7个奥运场馆方案投标后，放在面前的是一个特殊的项目，不仅因为它是为奥运柔道跆拳道比赛所设计，更是因为它将建设在大学校园里，特殊的地理人文环境、校园的场所特点、管理和运营的校园化特征，还有这将是我们可能参加的最后一个奥运投标项目。前几次参加奥运项目投标的反思，使我们陷入了深深的思考。思维方式是左右建筑创作的关键，它没有对错之分，但决定了你创作的态度。逆向思维往往会给你带来意想不到的灵感。

我们清晰地感到我们将有一次不同以往的定位与创作。

理念的生成与投标设计权的获得

体育建筑特别是奥运会场馆的建设是一次性投资巨大的建设项目，它往往要动员全社会的力量。1984年美国洛杉矶奥运会以其成功的商业运作以及令人难以置信的赢利为世人所瞩目。其利用大学及社区现有体育场馆，或在大学兴建新场馆，赛后为大学所用的运作模式为后来许多争办奥运会国家所效仿和借鉴。2008年北京奥运会12个新建场馆中有4个落户在大学里，它们是北京大学的乒乓球馆、中国农业大学的摔跤馆、北京科技大学的柔道跆拳道馆和北京工业大学的羽毛球馆。这也是借鉴奥运史上成功经验的明智决策。

建筑设计是一个提出问题和解决问题的过程。奥运比赛的特殊规定、项目选址的特殊环境、赛后功能转换的特殊要求都是本项目在设计伊始摆在我们面前的问题。对高校而言，奥运比赛的要求远远高于学校日常教学、训练和一般比赛的需要。如何在高投入之后既满足奥运要求，又使学校在长远的使用中不背包袱，合理定位和前期策划是极其重要的。奥运会短短的十几天很快就会过去，可学校对体育馆的使用、运营和管理却是持续而长久的。合理设置空间内容，确定标准，选择适当的技术策略，精细地考虑赛中赛后的转换，及临时用房和临时座席的技术设计都将对大学未来的使用带来深远影响。

前几次的场馆设计我们都是严格按照奥运大纲和单项联合会的设计要求一步步去实现，进行空间的组合。那是一个奥运设计惯常的理性思维的过程。面对这样一个特殊的场馆，我们尝试着从相反的方向进行思考。试想如果我们设计的仅仅是一个大学的综合性体育馆，那么抛开所有上述的问题之外我们首先要解决哪些问题？为大学设计综合体育馆最重要要解决的是什么问题？它只有首先是校园的，而后才能是奥运的，否则其存在的基本基础就动摇了，本末也就倒置了。

"立足学校长远功能的使用，满足奥运比赛要求"的理念逐渐清晰地浮现出来。设计的首要原点是契合学校的场所精神，符合学校特有的使用特征。体育馆功能的组成、空间的设置、赛后空间功能的转换及技术策略的选择都以此为原点。而后在此基础上按奥运大纲和竞赛规则梳理奥运会比赛的工艺要求。思路明确，定位清晰，设计方案顺利出台。通过专家评审委员会审查评比，方案评审中建筑专家、奥运单项联合会专家官员及学校使用方都充分肯定了我们的理念和设计方案，清华大学建筑设计研究院的方案入围，进一步深化。之后，又经过了若干个月的方案调整，2005年4月我们收到正式中标通知开始初步设计和施工图设计，2005年9月完成施工图，10月项目正式开工，2007年11月竣工验收。设计及配合施工历时3年。

本文中部分段落摘自作者发表于《建筑学报》、《建筑创作》和《2008北京奥运建筑丛书——新建奥运场馆》的文章

赛中赛后功能安排与后奥运的思考

2008北京奥运会柔道、跆拳道比赛馆（北京科技大学体育馆）作为北京2008年奥运会的主要比赛场馆之一，在奥运期间，承担奥运会柔道、跆拳道比赛，在残奥会期间作为轮椅篮球、轮椅橄榄球比赛场地。工程由主体育馆和一个50m×25m标准游泳池构成，总建筑面积24662.32m²。

● 比赛区场地

主体育馆比赛区场地为60m×40m。该尺寸大小系奥运大纲中对柔道跆拳道比赛要求的场地尺寸。这一尺寸也恰好满足赛后布置3块篮球场的基本要求，可以充分地满足赛后体育馆内的教学、训练和健身的需要。在一般高校的综合体育馆里这样大尺寸的场地是不多见的。其原因就是大场地会造成环绕场地座席排布的分散，观众厅空间加大，而且会造成在小场地比赛项目时，视距过远。满足奥运比赛要求和追求尽量大的内场以满足赛后多块篮球（甚至手球）场地的布置与赛后小场地比赛的观演形成了矛盾。解决这一矛盾的方法就是在内场设置活动看台。

● 固定看台、临时看台、活动看台

根据奥运大纲的要求，柔道跆拳道馆的座席数量必须达到8000座。但根据我们的设计理念，通过考察我国高校普通场馆的规模和使用特征，座席数量一般设为5000席。因此立足学校长远的使用要求，永久席位应以5000席为宜，另设3000席为临时座席，赛后拆除。由于本馆内场比赛区尺寸较大，如果5000固定席围绕场地布置，3000临时席又无法布置在比赛区内，赛后势必造成内场空旷，视距过远和空间浪费。所以我们以学校实际使用情况出发，将3000个左右的临时席以脚手架搭建方式集中设在南北固定席之后的两块方整的平台上，赛后拆除座椅，可留下完整的两块场地。在比赛内场沿四边设置了1000个左右活动座席，赛中及赛后教学训练时可以靠墙收入不影响内场的使用。

所以，最终设计观众座席8012个，其中观众固定座席4080个，搭设3932席临时看台，满足奥运会柔道、跆拳道比赛及残奥会轮椅橄榄球、轮椅篮球比赛的要求。奥运会后，临时看台拆除，内场设有1230席活动看台，可以自由收放，总体可达5050标准席，可承担重大比赛赛事（如残奥会盲人柔道、盲人门球比赛、世界柔道、跆拳道锦标赛）、承办国内柔道、跆拳道赛事，举办学校室内体育比赛、教学、训练、健身、会议及文艺演出等，校内游泳教学、训练中心及水上运动、娱乐活动的场所。

● 赛中热身馆与赛后游泳馆

在项目立项开始该馆就设计有包含10条标准泳道的50m×25m游泳馆。同样，立足学校长远使用，游泳馆的设计与主馆紧密结合，运动员与淋浴更衣紧凑布局，考虑学生教师的上课和对外开放，设有足够的更衣与淋浴空间。配合教学上课，设有宽敞的陆上训练和活动场地，并且在泳池边陆上场地设置了地板辐射采暖，为赛后学生和教师使用提供了人性化的设计。

赛中，游泳池被加上临时盖板，作为柔道跆拳道热身场地。由于游泳馆与主馆的紧凑布局，使泳池改造的热身场地与比赛场距离很近，联系极为方便和顺畅。

● 赛中功能定位与赛后功能转换

在设计中，以赛后长远使用为出发点，考虑赛中功能的转换。赛后体育馆所处的学校体育运动区能最大限度地为师生提供运动场地，总平面设计中尽量集中紧凑布局，力求在立面创新、符合场所精神的前提下，选取体形系数较小的单体造型，尽量节约用地，空出场地为师生赛后教学、锻炼健身使用。将体育馆南北两侧的健身绿化场地在赛时设为运动员、媒体及贵宾停车场，东侧沿主轴线设计成五环广场，赛后结合校园道路形成有纪念意义的永久性体育文化广场，五环广场南北侧的投掷场和篮球、网球场赛时作为BOB媒休专用场地。

此外，在设计中贯彻的东西立面以实墙为主、南北主入口结合二层休息平台、方便拆卸的脚手架式的临时座席系统、光导管自然采光系统、多功能集会演出系统、太阳能热水补水系统、游泳池地热采暖系统等设计策略的实施等都实现了当初"立足学校长远使用，满足奥运会比赛要求"的设计理念。

馆内各空间赛时赛后转换如下：

新闻发布厅	舞蹈教室
分新闻中心	学生活动中心
贵宾餐厅	展览休憩
单项联合会办公	体育教研组
运动员休息检录	学生健身中心（赛时热身场地）
赛时热身及竞委会	标准游泳池
兴奋剂检查站	按摩理疗房
裁判员更衣室	健身中心更衣室
贵宾休息室	咖啡厅
临时观众席	篮球练习馆（或其他球类练习馆）

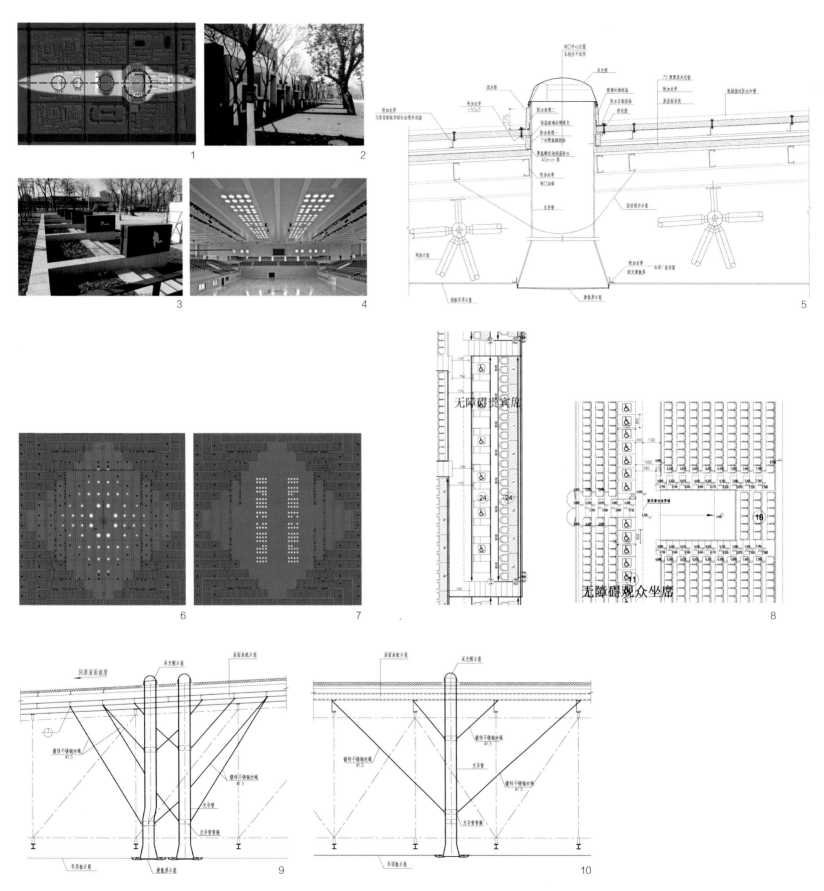

1. 轴线分析图
2. 保留校内原有的古树
3. 室外景观设计
4. 屋面及顶棚光导管布置平面实施
5. 光导管构造详图
6~7. 屋面及顶棚光导管布置平面方案意象
8. 观众座席平面图
9~10. 屋面构造详图

奥运三大理念的具体实施

1. 节约用地与优化校园环境的统一
● 体育馆与校园的主轴线对应。
● 游泳馆与主体育馆在空间、功能、流线上完美融合。
● 体育馆体形在节地上做了充分考虑，与学校整体风格的相适应。
● 保留了校园内原有的古树。
● 室外景观设计中体现了奥运会与北京科技大学的人文特征。
● 外网设计的赛时赛后统一考虑。
● 室外广场的设计充分考虑了赛时的人员流线及赛后师生的健身活动。
● 体育馆室外广场的设计中，采用了铺装砂石地面，保证雨水渗透到地下。
● 场馆外场地赛时赛后功能的灵活转换。

2. 以人为本的无障碍设计
为体现奥林匹克人文主义精神，设计把无障碍设计作为重要环节。赛中赛后都充分考虑各类人员尤其是残疾人、老人等行动有障碍的人员方便安全地使用，使体育馆成为所有人共享的体育场所。入口、停车服务区域、看台、卫生间、医疗点及其他设施均考虑了无障碍的特殊设计。残疾人座席集中在疏散口附近，并确保不给其他观众带来不便。为障碍观众提供了有轮椅空间的座位，并在残疾人通道和使用部分设计指引轮椅通行的国际标识牌。

在残奥会期间，比赛馆二层看台附近设有临时搭建的无障碍座席区共72个，其中贵宾12个，媒体2个，普通观众58个，约占总座席数的1%，每个轮椅座席的尺寸为800mm×1100mm，三面有高0.6m的栏板。在观众洗手间内，设有残疾人方便使用的坐便器和洗手盆，男用卫生间里还设有残疾人使用的小便器和安全抓杆。从室外到残疾人座席均为无障碍设计。升降梯均为无障碍电梯、设有残疾人扶手和选层按钮。楼梯、卫生间、电梯口设置提示盲道。

奥运会与残奥会转换

柔道、跆拳道比赛场地	轮椅篮球和轮椅橄榄球比赛场地
部分BOB媒体席位	残疾人贵宾座席
部分普通观众座席	残疾人观众座席
部分运动员休息室和热身场地	轮椅篮球和轮椅橄榄球热身场地
裁判员更衣室	部分残疾人运动员更衣室
运动员更衣室	部分残疾人运动员更衣室
部分运动员休息室	轮椅存放间

光导管技术策略的成功尝试

光导照明系统是一种新型照明装置，其系统原理是通过采光罩高效采集自然光线导入系统内重新分配，再经过特殊制作的光导管传输和强化后由系统底部的漫射装置把自然光均匀高效地照射到任何需要光线的地方，得到由自然光带来的特殊照明效果。光导照明系统与传统的照明系统相比，存在着独特的优点，有着良好的发展前景和广阔的应用领域，是真正节能、环保、绿色的照明方式。该套装置主要分为以下几个部分：采光装置、导光装置、漫射装置。

确定了光导管采光技术策略后，针对光导管在项目中的具体实施展开了以下几方面的研究。

● 光导管照明系统光线的高效采集问题
针对本体育馆光导管照明系统研制开发专用模具，对普通采光帽进行技术更新，使其能采集更多的太阳光。

● 光导管照明系统的光线高效传输问题
光导管照明系统的核心部件是光导管本体，利用全反射原理来传输光线。本项目采用具有国际领先水平的谱光无限光导管，其光的一次反射率高达99.7%，可最有效地传输太阳光。采用反射率99.7%的光导管与98%的光导管相比，当管道长为7~8m时，采光效率相差2~3倍。

● 光导管照明系统材料的绿色环保问题
为了体现"绿色奥运"的要求，采光帽、漫射器均采用可回收的有机塑料制成，具有专利技术的采光帽可滤掉大部分的紫外光，反射绝大部分的可见光。使用起来舒适，有效地防止紫外线对室内物品的破坏。

● 太阳能光导管系统光线的均匀分布问题
采用透镜技术制成的针对本体育馆的专用漫射器，将光线均匀地漫射到室内，使房间内无论早晚、中午都可沐浴在柔和的自然光中。

● 安装光导管照明系统的屋面防水问题
由于原屋面为铝镁彩板屋面，如何防水是一个关键问题。设计中我们采用防水平板+套筒+防水件+进口胶带的做法。其中防水平板用来调整屋面变形，套筒+防水

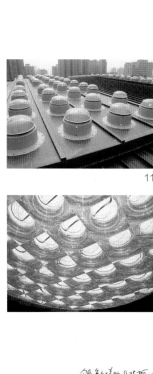

11~12. 光导管采光帽
13~14. 漫射器
15~16. 内场光导管照明
17~18. 屋面及顶棚光导管布置平面实施
19. 构思草图
20~21. 复合金属幕墙
22. 金属幕墙节点详图

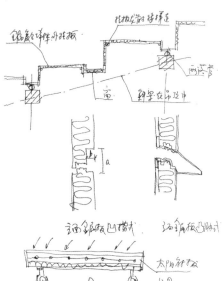
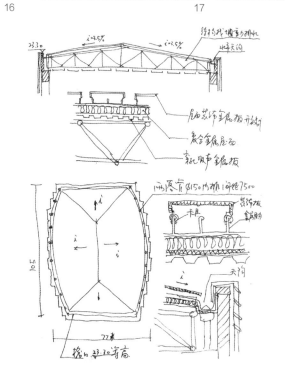
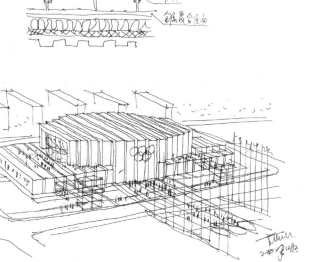
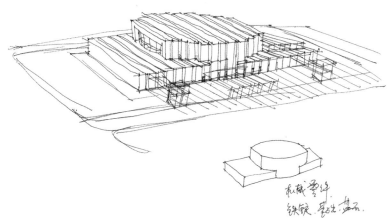

19

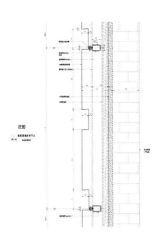
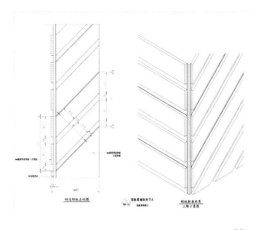

件+进口胶带用来保护采光帽的防水。此方案经过专家论证会及项目工作领导小组的多次讨论通过，实际使用效果良好，经受住了2008年夏季北京大暴雨的考验。

这是一次成功的尝试，是目前国内一次性使用太阳光导管安装数量最多的一个单体建筑。

契合场所精神的立面营造——复合金属幕墙
柔道跆拳道馆场所和位置的特殊性决定了我们对其体量、外立面、尺度、造型和材质的思考与选择。结合节能节地的集约化体量设计原则，考虑校园轴线的文脉延续以及校园砖红色建筑的主色调，采用对称、简约、厚重、东西向相对封闭、表面精细而富有肌理质感的设计手法，使凝重浑厚的体育馆稳稳地矗立于体育场的东侧，与西侧的体育场看台遥相呼应。建筑外形的设计，以挺直的线条和极富雕塑感的体块表现了运动的力与美，严谨的立面划分，准确的金属肌理，又充分展现了柔道、跆拳道运动特有的沉着与爆发之力。砖红色的亚光金属屋顶，巨大有序的金属墙面所形成的力量与秩序，与被誉为"钢铁摇篮"的北京科技大学相适应。而精致透明的游泳馆与粗旷的体育馆形成鲜明的对比，同时其透明的外形弱化对体育馆的影响。

设计中东西立面相对封闭，大部分采用复合金属幕墙，只设置了少量的外窗，其设计大大减弱太阳东西晒对体育馆的影响，使夏季整个体育馆的能耗大幅降低。

在体育馆外立面的细部处理上，使用了柔道、跆拳道运动中"带"的概念，3m宽，间距0.75m的锈红色金属板均匀地布置在整个立面，使整个建筑浑然一体，与奥运五环广场及内部吊顶，统一于一种建筑语言中。整体建筑大气、简约、雄浑、精致而富于内涵。

合理的外墙设计使体育馆在北京市现行《公共建筑节能设计标准》节能50%的基础上进一步降低外围护结构的能耗。通过降低体形系数0.11全面提升外围护结构的保温性能。建筑外墙为框架结构内填200mm厚陶粒轻质混凝土空心砌块导热系数≤0.22W/(m·K)，外设30mm厚挤塑板导热系数≤0.03W/(m·K)保温层，主体部分外敷砖红色铝单板墙面（带50mm厚保温棉），双重保温，群房部分外敷预制水泥板，玻璃采用6+12+6 LOW-E钢化中空玻璃，使节能和美观融合成一个整体。

说在设计之后的话
体育建筑特别是奥运会建筑的建设一次性投资是巨大的，尤其对高校而言，奥运比赛的要求远远高于学校日常教学、训练和一般比赛的需要。如何在高投入之后既满足奥运要求，又使学校在长远的使用中不背包袱，合理定位和前期策划是极其重要的。奥运会短短的十几天很快就会过去，可学校对体育馆的使用、运营和管理却是持续而长久的。合理设置空间内容，确定标准，精细地考虑赛中赛后的转换，以及临时用房和临时座席的技术设计都将对大学未来的使用带来深远的影响。所以，我们在设计伊始就明确提出了"立足学校长远功能的使用，满足奥运比赛的要求"，亦即设计的首要原点是符合学校的使用，功能的组成，空间的设置，赛后空间功能的转换都以此为原点，而后按照奥运大纲疏理奥运会的要求。所以，方便拆卸的脚手架式的临时座席的设置、赛后转换的两个室内篮球场的设置、标准游泳池赛中为热身场地的设置、光导管自然采光系统的设置、多功能集会演出系统的设置、太阳能热水补水系统的设置、游泳池地热采暖系统的设置等策略都是我们在设计中依照此原则所进行的考虑，这也是我们的方案能被业主和专家所认可的重要原因。当我们完成设计又经历了工地的施工配合，回过头来反思时，我们对当初投标时所坚持的理念更加充满信心。

在项目建成投入运营之际，特别是奥运会残奥会成功举办之后，我们还能听到大学的师生们在其中教学、训练、健身、集会和演出等日常使用的满意回馈，作为2008北京奥运会柔道跆拳道馆暨北京科技大学体育馆的设计人员我们感到更加的欣慰，因为它是一个合理、高效、符合校园特点和要求，同时又能举行奥运比赛、彰显奥运精神的适宜而贴切的建筑设计。

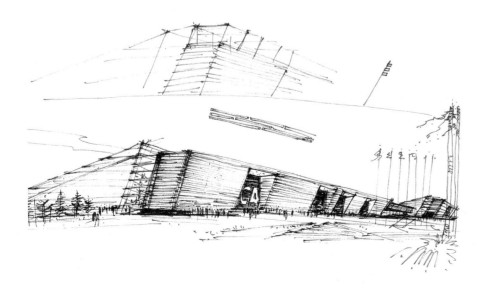

一百多年前著名爱国教育家张伯苓曾预言"奥运举办之日，就是我中华腾飞之时！"显然，依据张先生的话，举办奥运已成为中华民族复兴的一个符号象征。中国人对奥运会有特殊的情结，这种情结源于对国富民强的向往和追求。

当百年奥运降临到国人建筑师们的头上时，以"奥运"修饰的2008北京奥运场馆建筑的语境却在一种潜意识里被异化了，甚至被误读为"国家的象征"或"国家的尊严"。

2008北京奥运会射击馆
Shooting Venue of 2008 Beijing Olympic Games

建设地点	北京市石景山区福田寺甲3号
奥运会期间的用途	奥运会步枪、手枪项目射击比赛场馆
奥运会之后的用途	国家射击队训练基地/部分对外开放
观众座席数	资格赛馆：共有观众座席6491座
	其中固定座席1024座、临时座席5467座
	决赛馆：共有观众座席2493座
	其中固定座席1179座、临时座席1314座
檐口高度	18m（资格赛馆）24m（决赛馆）
层数	资格赛馆比赛厅2层，观众休息厅3层
	决赛馆比赛厅单层，辅助部分4层，地下1层
占地面积	6.45hm^2

1. 射击馆赛时总平面图
2. 主入口鸟瞰

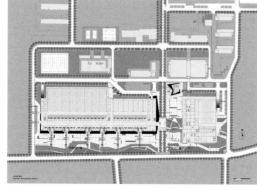

1

总建筑面积	47626m²	**获奖情况**	获2003年首都十佳公建设计优秀奖
	地上建筑面积45372m²，地下建筑面积2254m²		获2003年首都建筑艺术创作优秀设计奖
建筑基地面积	31916m²(含室外靶场占地)		获2007年中国建筑学会室内设计大奖赛大奖
容积率	1:0.82		获第五届中国建筑学会建筑创作佳作奖
建筑密度	41.20%		获全国第十三届优秀工程设计项目银质奖
机动车停放数量	150辆		获北京市第十四届优秀工程设计奖一等奖
设计单位	清华大学建筑设计研究院		获2008年度中国建设工程鲁班奖国家优质工程奖鲁班奖
设计人员	庄惟敏、祁斌、汪曙等		获第八届中国土木工程詹天佑奖
设计时间	2003年		获2009年北京市奥运工程优秀勘察设计奖，北京市奥运
竣工时间	2008年		工程落实"三大理念"突出贡献奖

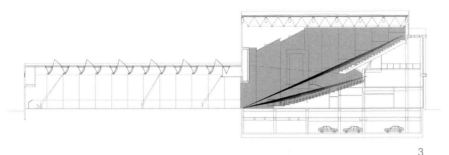

3. 决赛馆剖面图
4、6. 入口局部
5. 资格赛馆剖面图

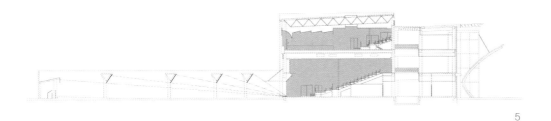

5

6

北京射击馆工程概况

建设用地位于北京市石景山区福田寺甲3号，原国家体育总局射击射箭运动中心园区南侧，南邻香山南路，北靠翠微山脉。绿树环绕，环境优美，总用地面积约6.45hm^2，总建筑面积47626m^2。建设项目包括资格赛馆、决赛馆、永久枪弹库及室外配套设施，是2008北京奥运会新建的主要比赛场馆之一。该馆承担奥运会10米、25米、50米步枪、手枪的比赛，还可承担残奥会、世界射击锦标赛等国际、洲际赛事，也将是国家射击队的常年训练基地。

建筑强调传承运动文化，提升运动精髓，以"林中狩猎"为设计理念，体现回归自然、回归人性的建筑设计思想。建筑中引入阳光、绿树、风等自然元素，营造生态宜人、清新健康的室内外环境，将射击比赛精准、细致的人文精神表达出来，致力营造细腻安静的质感，给人以放松亲切的精神感受，让来馆的运动员、观众感受到回归射击运动本源的人本境界。

技术设计

资格赛馆采取了4个靶场分两层竖向叠摞的布置方式，一层为25米、50米两个半露天靶场，二层为10米靶、10米移动靶两个室内靶场。资格赛馆内部从北向南，分别设置靶场射击区、裁判区、观众座席区、绿色中庭、观众休息厅等几个功能片段，保证全部靶位南北向、均好性。结构设计配合上下层靶位的不同宽度模数关系，设置大跨度柱网体系，在同一组比赛靶位内实现无柱空间。在二层比赛区域采用了大跨度的单向预应力空心楼板，楼板尺寸为23.7m×117.6m，厚度为700mm，成功地实现了大跨度室内无柱比赛场地，而且防振动效果良好。

7. 资格赛馆东侧立面
8. 主入口广场南侧夜景
9. 一层平面图
10. 二层平面图

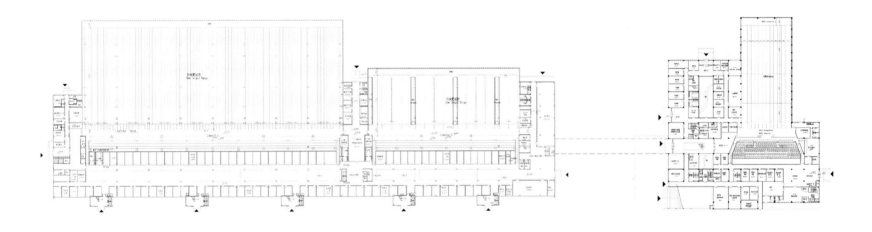

9

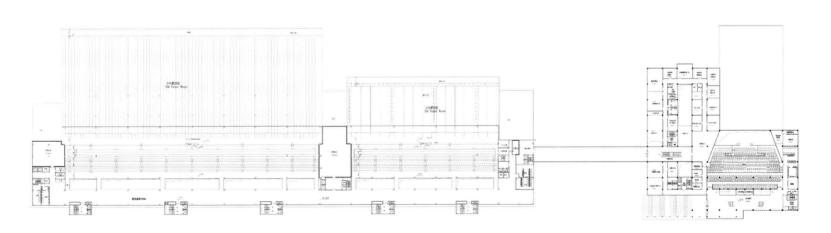

10

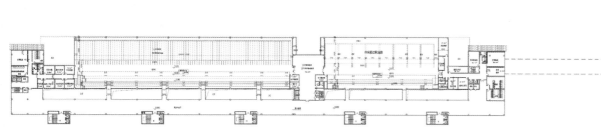
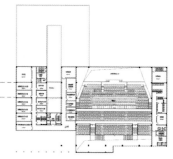

11

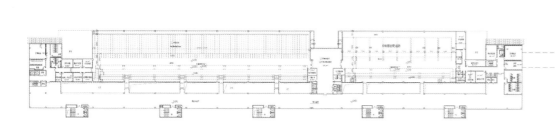

12

11. 三层平面图
12. 四层平面图
13. 决赛馆观众主入口大台阶侧视夜景

在资格赛馆中，将运动员休息准备区与观众休息厅设置在同一个空间内，观众可以通过贯通的中庭从上方俯视运动员休息区，欣赏到运动员准备比赛和在比赛间隙的活动。这种将运动员准备比赛的"后台"展现给观众的做法，给去北京射击馆现场观赛的观众提供了前所未有的观赏视角，增加了现场观赛的趣味性。

决赛馆设置靶套用比赛场地，观众与运动员、赛事组织管理人员采用立体分流方式组织交通流线，保证各部分各行其能，互不干扰。举行大型赛事时，运动员可以通过空中连廊由资格赛馆进入决赛馆，避免携带枪支的运动员与观众混流。

建筑整体风格自外延续到内，室内设计中将运动本质的"质朴"、"自然"、"力量"、"平静"等元素加以发挥，体现出"质朴运动精神"、"自然的回归"、"内在力量的再现"这样的设计主题，呼应建筑"表现原始张力"的弧形语言，并加以强调，成为室内空间设计的控制元素。设计中尽量表现建筑结构自身的质感，对结构材料、构造做法进行真实的再现，强调还原材质自身的表现力，运用了诸如木材、清水混凝土、青石、木地板、卵石等多种自然的材料，传达建筑由外到内统一的建筑语言和一致的建筑人文意境。

射击馆各赛场安装的"电子靶计时记分系统"是目前世界上最先进的射击比赛计时记分系统。该系统采用超声波定位技术与多媒体信息技术，能自动采集射击信息，精确记分，实时统计、显示各靶位的射击分数，决赛馆电子靶计时记分系统还能实时显示各靶位射击的弹着点。其成绩统计精确度、保留信息的完整度都是目前世界同类场馆中最先进的。

14. 决赛馆观众休息厅
15. 资格赛共享休息区

三大理念实施

建筑中引入阳光、绿树、风等自然元素，营造生态宜人、清新健康的室内外环境，与外部自然环境相融合。建筑设计打破了室内与室外环境的严格界限，通过"渗透中庭"、"呼吸外壁"、"室内园林"等建筑、空间元素将自然环境引入室内，实现室内外空间相互渗透。节能设计立足于通过合理的建筑空间布局，让建筑各个部分处于合理的使用条件下，降低建筑的环境负荷。还运用成熟、可靠的生态建筑技术，充分利用阳光、雨水、自然风等可再生资源，解决射击馆空调、用水、用电等能源问题。如"生态呼吸式幕墙"、清水混凝土外挂板、大跨度预应力空心楼板、浮筑式楼板、开放式空调、"生态肾"毛细管渗滤中水处理系统等都是具有创新意义的技术运用。还采用了雨水收集、太阳能集热生活热水、太阳能光伏发电、LED节能景观照明等措施。主要的比赛大厅都实现自然通风、采光、自然排烟，比赛区设置了能够防止跳弹，又能够引入自然光线的挡弹板组合天窗。资格赛馆10米靶比赛厅受弹靶位上方设置有特殊形状反光板的顶侧采光窗，保证自然光线亮点集中在距地1.4m高的靶心位置，加上运动员射击区设置的屋面自然采光，在平时训练时，不采用人工照明措施，就能够满足训练要求，使用效果良好。

残奥会利用

建筑主体严格按照大纲要求的残疾人设施和残奥会的专项要求设置相关的设施。所有运动员、观众、媒体、运营、官员等主要流线都采用无障碍设计，或设置无障碍通道，保证各个区域的可达性。为残疾人设置了专用的无性别卫生间、带陪护的专用座席、残疾人专用电梯、地面盲道等设施。为保证残奥会的使用，局部预留了改造条件，比如改造增加带陪护的专用座席、局部临时无性别卫生间的设置等。

运营设计与赛后利用

建筑设计面向奥运会比赛要求，也充分考虑赛后作为国家队训练基地，并考虑其他部分面向社会开放使用的可能性。赛后面向内部的射击训练设施都集中在建筑北侧，为奥运会大量观众观赛设置的观众活动区都集中在设施面向城市道路的南侧，这样待奥运会比赛结束后，在保证北侧面向园区作为内部的训练基地的功能不受影响的前提下，南侧面向外部的观众活动区可以进行面向社会的赛后改造利用，可以作为展示、商业、公共活动空间。资格赛馆与决赛馆中，固定座席和临时座席都被设计为完整的区域，当大型赛事结束后，钢结构的临时座席可以被整体拆除，从而获得完整的大空间，利于灵活改造利用。

场馆使用的社会化

我国实行非常严格的枪支弹药管理制度，射击项目是一个管理非常特殊，并不十分大众普及的运动项目。射击馆除了作为奥运比赛场馆，还将是国家射击队的常年训练基地，对公众开放成射手俱乐部及射击博物馆，成为爱国主义和国防教育的基地。

16

16. 50米靶壕及挡弹板
17. 25米靶壕及挡弹板
18. 资格赛馆25米靶壕

19. 二层的10米靶比赛厅
20. 北侧首层、二层射击场地和观众厅

国家象征的思考与本原语境的回归
—— 2008北京奥运会射击馆设计
Reflections on National Symbolism and Return of the Original Context - Shooting Venue of 2008 Beijing Olympic Games

文／庄惟敏　祁 斌

前面的思考

奥运场馆要不要代表国家精神？

奥运场馆设计的国家象征是什么含义？

奥运建筑、民族情结、国家尊严

本文中部分段落摘自作者发表于《建筑学报》、《建筑创作》和《2008北京奥运建筑丛书——新建奥运场馆》的文章

清华大学建筑设计研究院自2001年底开始近6年间，先后参与了7项奥运会工程项目的国际设计招标。在经历了先前国家体育场、国家体育馆、奥运村等投标的落败之后，特别是国家体育场"鸟巢"方案的中标，以及它所带来的对北京奥运建筑语汇及表达的不容忽视的影响，使我们在接下来的奥运方案投标陷入了深深的思考。奥运场馆要不要代表国家精神？奥运场馆设计的国家象征是什么含义？奥运精神、民族情结、国家尊严是不是应该作为设计要素，它们又该如何体现？射击馆的方案设计就这样伴随着沉重的思考开始了。

中标方案及方案调整

竞赛大纲要求，在国家体育总局射击射箭运动中心现有园区南侧的新征约6.5hm²用地内建设2008北京奥运会射击馆。射击馆分资格赛馆和决赛馆两部分，资格赛馆设有50米靶位80组，25米靶位14组，10米气枪靶位60组，以及10米移动靶靶位8组。决赛馆设置10米、25米、50米封闭套用场地，共设有靶位10组，其中8组用于比赛，2组备用。资格赛馆设固定座席1000座，临时座席5500座；决赛馆设置固定座席1000座，临时座席1500座。建筑限高18~24m。承担2008北京奥运会步枪、手枪的射击比赛，奥运会后，可承担重大比赛（如奥运会、残奥会、世界射击锦标赛及其他国际赛事），承办国内射击赛事，国家射击一队、二队常年训练基地，青少年培训基地和国防教育基地，推广公众射击体育运动。

也许是"鸟巢"的胜出给了我们某些暗示，也许是将来作为国家射击队基地的奥运射击馆所肩负的国家级的使命，"国家象征"的情结不知不觉地影响着我们的构思和创作。我们立意于表达从大地生长而起的理念，以刚性的体块为建筑母题，通过几何形体的切削、穿插、组合，展现跟大地紧密相连，塑造具有雕塑感的建筑形态。夸张的几何形体的表现，给人以奥林匹克的动感力量。

竞赛有7家单位参加，其中国外4家，国内3家。经专家评审，清华大学建筑设计研究院、澳大利亚GSA设计公司提出的设计方案入围优胜。

1

1. 中标方案渲染图
2. 方案调整

然而，方案的入围并非代表这个方案的实施。专家的评语是清晰的，方案建筑功能组织简洁，流线体系清晰，逻辑关系明确，空间关系流畅。通过简洁的剖面空间组织，将大尺度的建筑功能统一系统化处理，形成便捷、简洁、方便识别的基本空间布局。为资格赛馆与决赛馆之间设置二层联系的天桥，有效解决了两馆之间的联系以及观众与运动员流线交叉。建筑内部引入了室内中庭、景观内院等做法，形成有特色的内部空间，易于充分利用自然采光、通风，为建筑节能打下良好的空间基础。资格赛馆采取了将10米靶场置于二层的做法，十分有利于节地、提高建筑使用效率。但由于过分强调建筑体量的表现力，原方案会带来建筑造价、空间使用效率方面的问题，尤其本工程为全额国家投资，对工程造价、面积指标有严格的控制，需要实施方案有效控制面积指标、控制投资。在结构体系中，原方案整体斜面布置的结构体系会造成比较大的结构困难，增加建筑造价。建筑地处西山风景区，过分几何人工化的建筑体型在融合环境方面也存在困难。修改方案应继承原中标方案整体的功能布局、空间及流线组织关系，进行多方案的比较研究，重点在建筑形体及表皮处理上下功夫。

在功能流线和空间布局不变的前提下，新一轮方案探讨开始了，这是一个不断自我否定的过程，痛苦而快乐。

"林中狩猎"—— 实施方案的诞生
在认真研究了射击比赛项目的起源及其特征，借鉴了澳大利亚GSA设计公司提出的设计方案，并对国外的射击场馆进行了考察之后，我们对射击运动的本原有了进一步的了解。射击运动是一项历史悠久的传统奥运项

方案1

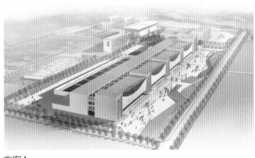
方案4

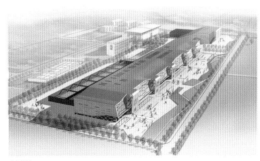
方案2

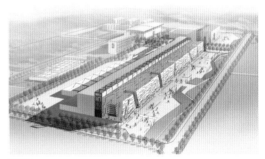
方案5

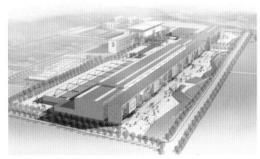
方案3

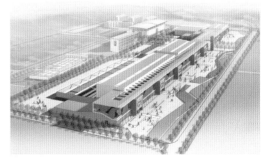
方案6

3

4

目,是化干戈为玉帛的奥林匹克精神的产物,有着不同于其他运动项目的独特文化。射击运动又是一项以静制动、以巧搏力的项目。源于森林狩猎,射击运动本身就是一项非常贴近自然的运动项目。运动员在草地、蓝天和阳光下,追求精准,以静制动,比拼耐力和心理素质的较量,使这项运动展现出人与自然的相融和谐,建筑与环境密不可分的相互依存关系。抛弃追求彰显"国家象征"的宏大叙事式的立面追求,强调建筑空间与自然的对话,体现回归自然,回归人性,回归建筑的本原,应该是本设计最本质的追求。

在又一次仔细研究场地之后,我们确立了"林中狩猎"的设计理念。

建筑外部形态构思延续林中狩猎的设计理念,在建筑形式上呼应出原始狩猎工具——弓箭的抽象意向。资格赛馆与决赛馆之间的联系部分是整个射击中心园区的入口,建筑设计采用将屋面与入口台阶连成整体的处理手法,由此形成的弧形开口成为整个建筑特征鲜明的母题,在资格赛馆水平延伸的形体断面以及5个主要观众出入口处重复呼应弧形母题。在二层、三层主要观众休息区域的幕墙外侧,采用铝型材热转印木纹肌理竖向遮阳百叶的处理,形成引发人们联想的抽象的森林意向。尽管因体育工艺要求300多米长的建筑形成了巨大的体量,但建筑"林中狩猎"的母题造型和隐喻森林的遮阳百叶,还是营造出了细腻安静的质感,给人以放松亲切的精神感受,让来馆的运动员、观众感受到回归射击运动本源的人本境界。建筑设计强调了运动文化的传承,提升了奥林匹克运动的精髓。

射击运动十分强调比赛条件的均好性,在建筑功能布局上,需要为所有靶位创造尽可能相互均等的比赛条件。

资格赛馆采取了4个靶场分两层竖向叠落的布置方式,一层为25米、50米两个半露天靶场,二层为10米靶、10米移动靶两个室内靶场。资格赛馆内部从北向南,分别设置靶场射击区、裁判区、观众座席区、绿色中庭、观众厅等几个功能片段,比赛厅都按照相同的剖面功能关系,水平延伸这种布局关系,保证全部靶位南北向、均好性。为此,资格赛馆的长度达到260m。在结构设计上,配合上下层靶位的不同宽度模数关系,设置大跨度柱网体系,在同一组比赛靶位内实现无柱空间。为此,采取了23.7m×117.6m大跨度无梁预应力楼板的结构布置方式,设置了700mm厚预应力空心楼板,实现了大跨度的无柱空间,而且防振动效果良好。

决赛馆设置10米、25米、50米靶套用比赛场地,观众与运动员、赛事组织管理人员采用立体分流方式组织交通关系,保证各部分各行其能,互不干扰。举行大型赛事时,运动员可以通过空中连廊由资格赛馆进入决赛馆,避免携带枪支的运动员与观众混流。

为了增强观众现场观赛的趣味性,在资格赛馆,特意将运动员休息准备区与观众休息厅设置在同一个空间内,观众可以通过贯通的中庭从上方俯视到运动员休息区,可欣赏到运动员准备比赛和在比赛间隙的活动。这种将运动员准备比赛的"后台"展现给观众的做法,给去北京射击馆现场观赛的观众提供了前所未有的观赏视角,增加了现场观赛的趣味性。观众休息厅还为满足观众在几个不同项目的比赛厅之间换场穿行的充足空间,运动员与观众采用立体交通分流,彼此交流又不至于产生干扰。

建筑整体风格自外延续到内,室内设计中将运动本质的"质朴"、"自然"、"力量"、"平静"等元素加以发挥,体现出"质朴运动精神"、"自然的回归"、"内在力量的再现"这样的设计主题,呼应建筑"表现原始张力"的弧形语言,并加以强调,成为室内空间设计的控制元素。设计中尽量表现建筑结构自身的质感,对结构材料、构造做法进行真实的再现,强调还原材质自身的表现力,运用了诸如木材、清水混凝土、青石、木地板、卵石等多种自然的材料,传达建筑由外到内统一的建筑语言和一致的建筑人文意境。

绿色、科技、人文的射击馆

节能生态技术的选择应切实地考虑国情。适宜技术的选择是符合我国当前经济技术发展状况的。射击馆的节能设计立足于通过合理的建筑空间布局,让建筑各个部分处于合理的使用条件下,降低建筑的环境负荷。建筑中引入阳光、绿树、风等自然元素,营造生态宜人、清新健康的室内外环境,与外部自然环境相融合。建筑设计打破了室内与室外环境的严格界限,通过"渗透中庭"、"呼吸外壁"、"室内园林"等建筑、空间元素将自然环境引入室内,实现室内外空间相互渗透。

运用成熟、可靠的生态建筑技术,充分利用阳光、雨水、自然风等可再生资源,如"生态呼吸式幕墙"、清水混凝土外挂板、大跨度预应力空心楼板、浮筑式楼板、开放式空调、"生态肾"毛细管渗滤中水处理系统等都是具有创新意义的技术运用。还采用了雨水收集、太阳能集热生活热水、太阳能光伏发电、LED节能景观照明等措施。主要的比赛大厅都实现自然通风、采光、自然排烟,比赛区设置了能够防止跳弹,又能够引入自然光线的挡弹板组合天窗。资格赛馆10米靶比赛厅受

3. 阳光渗透，资格赛馆比赛厅观众入口
4. 资格赛馆呼吸幕墙外挂百叶
5. 整体生态呼吸幕墙详图
6. 资格赛馆呼吸幕墙夹层内部
7. 资格赛馆呼吸幕墙外层玻璃安装
8. 生态呼吸式遮阳幕墙细部模型

6　　7

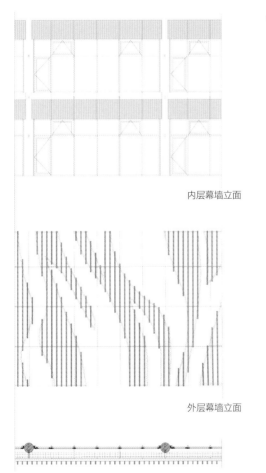

内层幕墙立面

外层幕墙立面

幕墙墙身大样

5　　8

9. 决赛馆局部清水混凝土外挂板墙面外观
10. 预制混凝土挂板详图
11. 工厂预制好的清水混凝土挂板
12. 决赛馆外挂板施工
13. 挡弹及吸声做法详图
14. 屋面隔声隔热做法详图
15. 资格赛馆10米馆反射采光实际效果
16. 资格赛馆10米馆反射采光局部详图

9

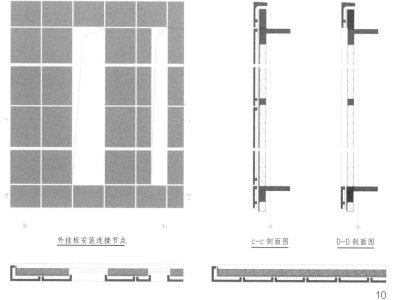

外挂板安装连接节点　　　　C-C 剖面图　　　D-D 剖面图

10

11

12

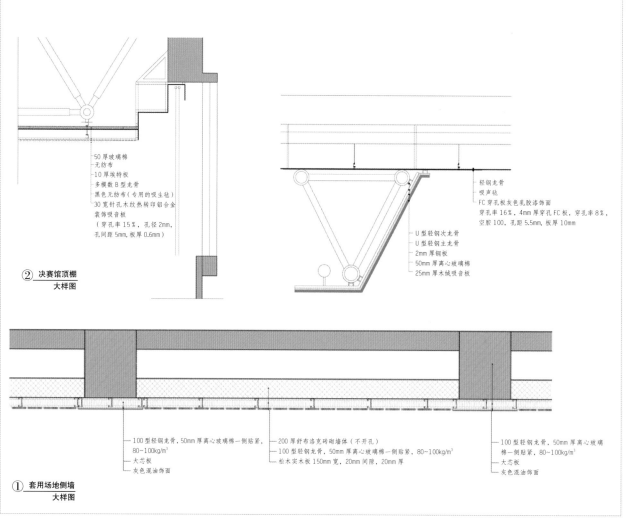
13

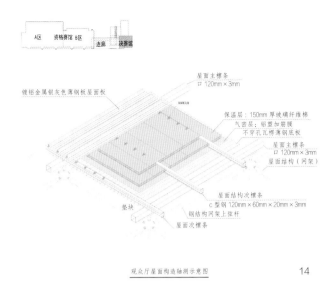

观众厅屋面构造轴测示意图

14

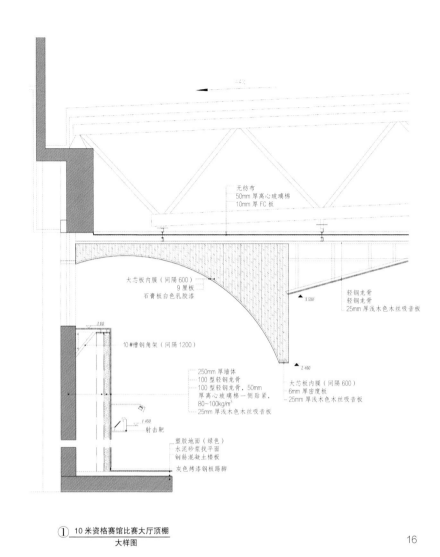

① 10米资格赛馆比赛大厅顶棚大样图

16

15

弹靶位上方设置装有特殊形状反光板的顶侧采光窗,保证自然光线亮点集中在距地1.4m高的靶心位置,加上运动员射击区设置的屋面自然采光,在平时训练时,不采用人工照明措施,就能够满足训练要求,使用效果良好。

射击馆各赛场安装的"电子靶计时记分系统"是目前世界上最先进的射击比赛计时记分系统。该系统采用超声波定位技术与多媒体信息技术,能自动采集射击信息,精确记分,实时统计、显示各靶位的射击分数,决赛馆电子靶计时记分系统还能实时显示各靶位射击的弹着点。其成绩统计精确度、保留信息的完整度都是目前世界同类场馆中最先进的。

后奥运的考量

北京射击馆是一个全额国家投资项目,对于投资总额和建造标准,有一套极其严格的控制程序。每平方米不到5000元的建筑成本,还要包括很多不计入建筑面积的诸如子弹飞行区、室外靶档等室外项目,造价标准近乎苛刻。可以说从进入工程设计的第一天起,在技术与经济之间找到最佳的平衡点是每一个设计人员在做出任何一个设计决定时首先思考的问题。

射击项目也是一个管理非常特殊的项目,由于我国实行非常严格的枪支弹药管理制度,射击运动其实并不是一个大众普及运动。赛后利用这一建造体育场馆面临的共同难题,在这个场馆中变得更加具有不定性。

整个项目的功能布局为赛后利用提供了充分的余地,赛后面向内部的射击训练设施都集中在北侧,为奥运会大量观众观赛设置的观众活动区都集中在设施面向城市道路的南侧,这样待奥运会比赛结束后,在保证北侧面向园区内部的训练功能不受影响的前提下,南侧面向外部的观众活动区可以进行面向社会的赛后改造利用,可以作为展示、商业、公共活动空间。资格赛馆与决赛馆中,固定座席和临时座席都被设计为完整的区域,当大型赛事结束后,钢结构的临时座席可以被整体拆除,从而获得完整的大空间,利于灵活改造利用。

回归本原的建筑理念定位,使我们在设计中不追求华丽的建筑表现,尽量避免单纯的建筑装饰做法,建筑从内到外的建筑材料、工艺都围绕基本功能要求展开,控制建筑造价,营造建筑朴素自然的形象。同时,将建筑经济性的眼光不单单放在建筑建造这个环节上,而在影响建筑长期使用的诸如建筑保温、采光、自然通风等方面,采用适宜技术手段和策略实现建筑长期运营中的节能和可持续发展。

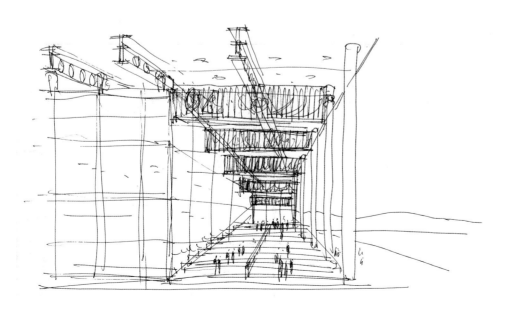

如果说建筑师设计的这几十座奥运场馆与国家尊严有关的话，那就是这些充分满足奥运比赛工艺要求，富有创意，蕴含着当代高新科技，体现节能环保，彰显人文关怀的美丽多彩的场馆就是当代中国的建筑成就，就是中国综合实力的体现，就是中国悠久历史的弘扬。

2008北京奥运会飞碟靶场
Flying Saucer Shooting Range of 2008 Beijing Olympic Games

建设地点	北京
建设单位	国家体育总局射击射箭运动管理中心
施工单位	中国航空港建设总公司
建筑用途	专项体育建筑
用地面积	88450.0m²
总建筑面积	6169.41m²
建筑密度	地上4927.25m²，地下1242.16 m² 5000座（永久看台1035座） 13.57 %(含靶场)
容积率	0.07
建筑高度	20.20 m
层数	地上1~2层，地下1层
设计单位	清华大学建筑设计研究院
设计人员	庄惟敏、祁斌、汪曙等
设计时间	2004.09~2005.12
竣工时间	2007.06
获奖情况	获北京市第十四届优秀工程设计奖二等奖 获2010年行业奖（原建设部）优秀勘察设计建筑设计三等奖

该项目是2008北京奥运会改扩建的比赛场馆之一，我院经国内建筑设计方案竞赛获奖，确定为设计实施单位。

飞碟运动，源于古代的狩猎活动，比赛采用双筒猎枪，最初射击目标为活鸽，后用泥制物代替，现用沥青、石膏等材料混合压制而成，形如碟，用机械抛射而出，故称飞碟。

2008奥运会飞碟靶场是个半室外半室内的比赛场馆，是一个比较特殊的建筑。

"越是地方的，越是世界的"是一句真理。设计试图将中国传统文化和建筑元素融入这一外来运动项目中，建筑糅合了四合院的空间、清水砖墙的工艺、长城烽火台的地域性，再加上背后绵延的群山，苍翠的森林，彰显人文与场所精神，用一种细腻的方式表达出东方的审美意境。

规划与总平面设计

主要的比赛场地位于室外，竞赛准备区在室内。室外设有六组国际标准飞碟射击靶位，其中决赛靶位一组，其余为资格赛靶位。在整个竞赛区的地下，设有连通的碟片存储、运输区以及地下抛靶机房。

南侧广场设置观众主入口大台阶，观众主要流线来自南侧的射击馆，彼此相连接，顺畅便捷，观众可直接到达二层的看台区，运动员及赛事管理人员从一层进入建筑，交通体系实现立体分流。

1. 鸟瞰效果图

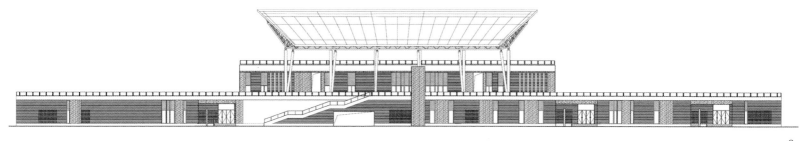

2. 立面图
3. 飞碟馆观众广场及入口
4. 模型照片

4

建筑的人文色彩

在这个小尺度的建筑上，建筑创作从把握射击运动的传统特点出发，将建筑与环境、与运动特征有机结合，形成一种结合地域文化，有中国传统文化特色的建筑氛围和意境。

1. 传统院落空间

借鉴北京传统民居四合院的院落空间格局，通过几个院落组织首层的建筑空间，在院落中营造传统的园林景观，通过传统文化氛围给建筑营造一个地域文化的基调。

2. 清水灰砖外墙

建筑外墙采用了朴实自然、有传统特色的青砖砌筑，并辅以局部木板墙面。清水砖细腻的砌筑工艺是一种建造精神和文化的传承，中国传统文化底蕴成就建筑秀外慧中的品格。

3. 长城烽火台的靶房形态

竞赛区的高低靶房、挡弹墙的处理借鉴了具有世界认知度的长城烽火台造型，灰砖砌筑的表面，绵延不断的烽火台给这个功能性很强的构筑物赋予强烈的地域人文色彩，可谓借题发挥，营弊为利。

建筑尺度与环境融合

飞碟靶场建筑尺度比较小，外部场地和设施占据了大量的用地。建筑设计在建筑实体、室外设施、构筑物的体量之间形成层层过渡，将建筑的实体逐渐过渡到自然的环境。建筑设计从所处的山脚自然环境出发，利用北侧的山脉作为背景，射击靶位自然排开，借助自然山景形成靶场的绿色背景屏障，靶场的环境特色跃然而出。

建筑功能与技术措施

飞碟比赛进行男子飞碟多向、女子飞碟多向、男子飞碟双多向、男子飞碟双向和女子飞碟双向五项飞碟比赛，产生五枚奥运金牌。

主体建筑部分为地上两层，观众席被设在二层，这不仅能保证与一层的赛事组织用房与观众席的自然分流，而且还给观众提供了俯瞰赛场的良好观赛条件。

通过院落化的建筑布局，实现了所有实用房间的自然通风、采光，大大降低建筑能耗。

作为一个室外场地，飞碟靶场内充分考虑了无障碍设施，卫生间、看台都设有方便轮椅的坡道，在一层设计了残疾人专用电梯，可直达看台。

观众集散平台应用了彩色压印混凝土仿木纹的施工工艺，观众看台和室外靶场采用1.2cm厚墨绿色喷涂聚脲弹性体，使建筑整体和周围环境相得益彰。

建筑表皮与建筑意境

建筑表皮设计致力于将建筑整体细腻的质感延伸到细部。

外墙做法以北京传统的地方民居青砖砌筑清水墙面为基调，在砌筑工艺上，引入了镂空、搭角等工艺，呈现出丰富的质感。在竞赛区，大量采用了室外木板作为室外构筑物的表面材料，并将这种墙面木装饰做法引入建筑主体墙面的肌理中，形成彼此的呼应。

为了表达表皮设计理念，建筑外墙设计了一个表皮层——在建筑的围护外墙外侧预留120mm厚的表皮做法空间，在这个空间里，以清水砌筑的青砖为基本工艺，结合立面的不同部位，加入木板、彩釉玻璃等不同的材质，让小尺度的建筑有丰富的立面表情。

5. 剖面图
6. 飞碟靶场整体外观
7. 飞碟靶场内庭院

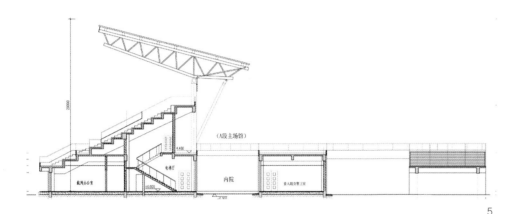

8

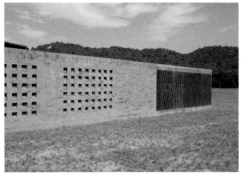

9

10

11

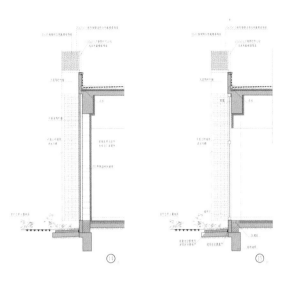

8~9. 长城烽火台的靶房形态体现了地域人文色彩
10. 飞碟靶场外墙清水砖墙
11. 观众看台喷涂聚脲弹性体材料
12. 飞碟靶外墙做法详图
13. 飞碟靶场外墙清水砖墙局部及施工
14. 贵宾入口与主席台遮阳雨棚

设计后的思考：奥运语境与国家尊严
Post-Design Thinking:
the Context of Olympic Games and National Dignity

文／庄惟敏

轰轰烈烈的奥运场馆建设终于告一个段落了，作为2008北京奥运会场馆的建设者之一，在经历了5年的方案投标、设计、施工、调试、运营、测试赛以及"回头看"等一系列程序之后，面对即将召开的北京奥运盛事，突然发觉有这样一个命题始终萦绕在脑际——奥运语境与国家尊严，在自身参与奥运工程的全过程中，它总是时时地浮现出来。尽管，从字面上看两者似乎并非有关，关联起来谈也好像显得牵强，然而，不知为什么这一组搭配就是那么执着地每每提示着自己去思考。

百年奥运梦想成真的民族情结给我们带来了什么？

国际奥委会从1998年开始，一直在跟踪调查各国人民对奥林匹克运动的态度。结果发现，中国人和其他国家人民对奥运有不同的价值取向。国际奥委会市场宣传经理韦博曾对记者说，他们委托3家公司在不同时期做了调查，结果表明：中国人更看重奥运会的全球性、公平竞争性和参与性，以及对促进世界和平的重大意义。（刘 广、李贺普，《人民日报》2002年07月12日第九版）

一百多年前著名爱国教育家张伯苓曾预言"奥运举办之日，就是我中华腾飞之时！"显然，依据张先生的话，举办奥运已成为中华民族复兴的一个符号象征。中国人对奥运会有特殊的情结，这种情结源于对国富民强的向往和追求。奥运展示了国家的综合实力，表明一个国家在国际舞台上扮演了更加重要的角色，叙述了古老中国的巨变，展示了中华民族"天人合一"、"自强不息"、"厚德载物"、"变法图强"等传统文化理念和五千年的历史文明的现代化转身。

百年奥运、北京奥运对中国人来说有点像梦，从一个人的奥运到十三亿中国人参与的奥运的确有着天壤之别。这种差别在参与奥运工程设计的建筑师们心里别有一番体味和冲动，那是一种希冀用力的爆发和奉献的冲动。建筑师是通过空间环境的营造来满足人类使用功能的实现，用建筑材料和空间的构成来表达空间功能之外的文化和思想的信息，所以建筑被称作空间的艺术、凝固的音乐。建筑作品或多或少地都蕴含着建筑师的价值观体现及美学追求。每每大事件的发生，必定会产生一批全新的、有创意的建筑，同时也造就一批伟大的建筑师。

2008年北京的奥运会和2010年上海的世博会就是人类历史的大事件。大事件在弘扬各主办国家历史文明和文化的同时，也给城市带来从未有过的创新。无疑奥林匹克承载了建筑师们太多的梦想和期待，作为中国建筑师，五千年民族文化的积淀使他们在获得营养的同时也背上了沉重的包袱。建筑师们一旦有机会参与奥运场馆的设计，在庆幸他们机遇的同时，也在费力地琢磨，该如何用建筑的语言来表达奥运？如何通过建筑的手法传达中华民族的文化和精神？如何用场馆建筑来体现国家的实力？……如此等等，一时间成为国人设计师苦思冥想、绞尽脑汁的命题。

这是中国建筑师的素质及使命感使然，这大概也可以称为国人建筑师的奥运情结吧！

什么是奥运建筑语境的基本内涵？

奥运这项活动发源于古希腊爱琴文明，有其内在的必然性。古希腊区域和平、经济发达、年丰人和；人们爱好体育，爱好运动；通过体育竞赛展示人们的英雄气概、健康体魄，满足了人们的自尊和荣誉，一束橄榄枝给予豪杰健儿们无尽的精神享受。所以奥运的起始是天真、单纯、淳朴无邪，体现了人文主旨。

近代百年奥运曾在第二次世界大战的战火硝烟中被迫中断，遭受战争的摧残、政治与阴谋的枪杀和亵渎，但不改奥运精神、奥运主旨，继续演绎着奥运的乐章。奥运会是全人类共同的体育盛事，更是一项平等的活动，国不分贫富、人不分种族、肤色，其中没有骄横、少有傲慢，更没有大国沙文，体现着平等、博爱、自由、民主。奥运会是世界人民共同的精神家园，是奥运大家庭的体育俱乐部。

奥运会讲秩序，尊规范，有多少种体育竞技项目，就有多少种裁判规章和条款去规范、管理。奥运会是自然主义的崇尚者。它发展人体内的精神源泉，挖掘人体力量的极限，体现人的生命价值，反对借助非自然之力，反对使用兴奋剂，从体育的角度向参与人提供了一个平等竞争的平台，是人类向世界宇宙递交的一份纯洁自然的答卷。

与其精神相和谐，奥运体育场馆的建筑语境自然应以此为基本文本。天真、单纯、淳朴无邪、平等、博爱、自由、民主，反对借助非自然之力，反对矫揉造作，反对大国沙文的超尺度游戏。到第28届为止，已有包括18个国家举办过奥运会，尽管各国的奥运场馆异彩纷呈，但其建筑表达的基本原则却大同小异。这也正是奥运精神的建筑体现。

29届北京奥运更加强调了绿色奥运的概念，在设计者所遵循的《奥运设计大纲》之外又多了一本《绿色奥运指南》，它彰显了奥运这一大事件更加尊重环境，贴近自然，和谐共生的可持续发展理念，为奥运体育建筑的语境文本又添加了一条重要的原则。

然而，当百年奥运降临到国人建筑师们的头上时，以"奥运"修饰的北京2008场馆建筑的语境却在一种潜意识里被异化了，甚至被误读为"国家的象征"或"国家的尊严"。

奥运建筑与国家尊严有关吗？
国家尊严是一个抽象的概念。不同的国家对各自的民族象征又有具象的表达。诸如规划中的轴线对称，建筑中的宏大、庄严和厚重，以及以民族传统符号表征的立面装饰。不能否认在国人历尽千辛万苦迎来百年奥运盛事之时，中国的建筑师太想做些成就出来了，太想做好了，太想以他们的智慧和汗水所创造的建筑来表达我们民族的伟大、国家的强盛了。就是这样一种"用力"在不知不觉中将奥运场馆视为了一种国家的象征，将奥运场馆的设计演绎成了一种弘扬民族文化的仪式。这种情结在2008北京奥运场馆设计的诸多方案投标中或多或少地都有显现。诸如在大跨度屋面上生硬地加上中国传统的符号，立面尺度上刻意的夸张，材料选择上追求华丽等。

然而，奥运体育建筑即便不强调上面谈到的纯朴、自然的奥运精神，单就体育建筑的功能要求及特征而言，也应将满足比赛和观看的大跨度空间结构、力量、柔韧以及和谐、优美等作为体育建筑的基本建筑表达。此间的矛盾每每使设计师们陷入两难。

纵观历届奥运会场馆的建设，那些为后人所称道的场馆，恰恰都是那些功能合理、造型简洁优美、寓意明确质朴，符合全球语境的建筑精品。也正是因为建筑师抓住了奥运体育的灵魂，才使奥运建筑的创作显现出独特的魅力。

对中国建筑师来说，五六年的辛苦经历既是付出，更是收获。奥运就像是一个大课堂，它教会了我们太多太多。

奥运无疑是属于全人类的。它打破了国界、种族、宗教、政党，是一个开放的大家庭，它所表达的是人类最原始、纯朴和本原的诉求。"奥运"不是其场馆建筑的"标签"，当奥运会16天盛事结束时，奥运场馆都将必然地转换为为社会服务的场所，它们是奥运的，更是社会的，是人居环境的一部分。它们不应彰显出凌驾于百姓生活之上的崇高，不应是一个抽象的象征摆设。在运动员们为奥运事业力争更强、更快、更高的语境下，建筑师也应为人类社会奉献出更加人性化、更加节能、更加环保、环境友好且体现当代科技发展水平的贴切的建筑。

从本原上来讲，奥运场馆的设计与国家尊严无关。

回顾我们参与的2008北京奥运场馆的设计历程，其中有过弯路，然而更多的是理智的思考和开放的思维。刻意地追求以建筑表达建筑以外的东西，将会走入形式主义的圈套。

当然，如果说我们的建筑师创造的这几十座奥运场馆与国家尊严有关的话，那就是这些充分满足奥运比赛工艺要求，富有创意，蕴含着当代高新科技，体现节能环保，彰显人文关怀的美丽多彩的场馆就是当代中国的建筑成就，就是中国综合实力的体现，就是中国悠久历史的弘扬。

这就是国家尊严的象征。

可以认为，这就是中国当代建筑创作中追求中国特色的努力吧。

2008年汶川大地震后，金沙遗址博物馆主体建筑安然无恙，馆内的文物和藏品无一损毁，新建筑在遗迹原址上庇护了出土文物，整个园区在地震当日即开放临时收容受灾市民。金沙遗址博物馆不但成为了文物的庇护所，还成为广大市民躲避地震灾害的避难所。建筑超越设计意图，提供了更为广阔的人文关怀。

成都金沙遗址博物馆
Chengdu Jinsha Relics Museum

建设地点	成都
建设单位	成都市文化局
总建筑面积	36000m² （含遗迹馆、陈列馆、文保中心、地下车库、接待中心等）
用地面积	434亩
容积率	0.07（整个园区）
建筑层数	地上3层，地下1层
设计单位	清华大学建筑设计研究院
协作单位	中国航空规划建设发展有限公司
	北京中元工程设计顾问公司
	泛道（北京）国际设计咨询有限公司

1. 室内实景
2. 总平面图

设计人员	庄惟敏、莫修权、张晋芳 / 清华大学建筑设计研究院
	葛家琪 / 中国航空规划建设发展有限公司
	张 谨、白 雪 / 泛道（北京）国际设计咨询有限公司
	何伟嘉、董大陆、张春雨 / 北京中元工程设计顾问公司
设计时间	2005.01~2005.10
竣工时间	2007.05
获奖情况	获第五届中国建筑学会建筑创作优秀奖
	获2009年教育部优秀勘察设计建筑设计一等奖
	获2010年行业奖（原建设部）优秀勘察设计建筑设计一等奖
	获2010年度全国优秀勘察设计奖银质奖

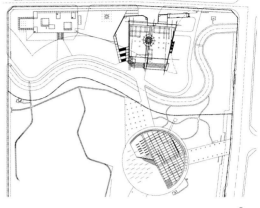

2

金沙遗址位于成都西郊，占地434亩，包含遗迹馆、文物陈列馆和文物保护中心等配套设施，文物陈列馆是其建筑主体。

工程设计的难点

金沙遗址博物馆作为城市建成区的遗迹博物馆，周边有大量的城市街区和建筑，故而需要解决两个层面的问题：一是规划层面，如何最大限度减少对文物遗存的影响同时满足保护、展示需要及持续发展的平衡；二是建筑层面，即建筑形式如何体现金沙文明同时融入城市环境。

设计理念

1. 以积极姿态保护历史遗存，实现教化公众、传承文化、经营城市。

2. 以有限的建造最低程度扰动遗迹，尽可能消解建筑体量融入整个遗址公园的环境。

3. 以中性的手段应答时空的矛盾，不追求对应具体历史时段的建筑形象。

规划方案以横贯用地东西的摸底河为横向景观轴，以南北轴线的开放空间形成纵向文化轴，入口广场为序幕，遗迹馆为发展，文物陈列馆为高潮。

通过金沙遗址博物馆项目，我们尝试了一种不同于纯粹的郊野遗址博物馆或城市建成环境博物馆的设计策略，探索了一条新的道路。建筑建成后取得了很好的社会效益，获得了文物界和建筑界的好评。中国首个文化遗产日即选择在金沙遗址博物馆开幕，国家文物局领导、省市领导以及成都广大市民对博物馆给予了高度评价，金沙遗址博物馆成为成都市新的名片。经过2008年汶川大地震后，金沙遗址博物馆经各方面检验，安然无恙，甚至外墙石材都无一脱落，成为金沙文物的安全庇护所，而整个园区在地震当日即开放临时收容受灾市民，很多市民在园区内支起帐篷，度过余震不断的日日夜夜，直至安全返家。金沙遗址博物馆不但成为了文物的庇护所，还成为广大市民躲避地震灾害的避难所。建筑超越了原设计的意图，提供了更为广阔的人文关怀。

建筑创新

一是规划层面的，作为城市建成区的遗迹公园，采用恰当的建筑布局和结构方式最大限度地减少对文物遗存的影响，同时又不阻碍城市的正常生活，取得资源的适度利用与可持续发展的平衡；二是建筑层面的，跳出了遗址类博物馆大多采用民族或传统风格的思路，即建筑形式既满足使用功能又体现金沙文化，同时还要融入城市建成环境。3000年前的古蜀文化建筑形象现在无从求证，我们提出以一种中性的手段，即不强调具体历史时间段或具象建筑特征的形象来应答时空的矛盾，强调当下，追求建筑空间的本原。

功能创新

设计中还致力于使博物馆超越原有的收藏、展示、研究、教育等功能，更成为公众交往和社会活动的场所，使博物馆在市民生活中更加鲜活。同时为了减少博物馆建成后的财政负担，设计考虑了陈列馆内部公共空间的多种利用可能，如庆典活动、新闻发布会、时装发布会、企业酒会等多种方式，使公共空间的利用在更加多元化的同时尽可能创造收益，使以馆养馆成为可能。2006年6月10日，中国的首个文化遗产日庆典在金沙

1

博物馆成功举行；2008年，金沙遗址现场发掘由中央电视台现场直播，举国关注。设计中的多功能考虑使得博物馆成为公众事件中的重要场所和角色。

构造创新

陈列馆外墙为开放式石材幕墙的设计，在石材和土建墙体之间形成一个空气间层，通过石材缝隙与室外大气相通，满足了通风和排烟需要。

在陈列馆倾斜外墙围护材料和保温防水材料及构造方面，设计中也作了较为大胆的尝试。国内很多倾斜外墙建筑的墙体都是混凝土直接浇筑，但是陈列馆主体结构为钢结构，混凝土外墙与钢梁钢柱难以交接，且因为膨胀系数的不同，很难整合。设计中我们对比了预制混凝土挂板、成都当地的秸秆板等多种材料，最终选择了与钢结构配合较好的夹心钢板。同时，为了解决倾斜墙体和屋面的一体化防水问题，设计中选取了硬泡聚氨酯防水保温一体化材料作为外墙面的保温防水层，这种材料能够较好地实现保温防水的整体性，好比给整个博物馆穿上了一层防护服，既保暖，又防水，一举两得。

结构创新

金沙遗址博物馆结构，巧妙运用建筑空间，以节能、环保及高可靠性为设计标准，将表达建筑造型艺术的围护次结构与展厅主结构集成为一体，共同工作，形成大斜屋面、不规则、大跨度钢框架结构体系。内部柱网10m×10m，展厅部分为30m以上的无柱大空间，以满足大型遗址保护博物馆场景复原展示的需要，并为未来博物馆的发展创造了极强的灵活性与操作性。周边及中庭为斜柱、斜梁，中庭斜面玻璃屋顶为直径23.5m的轮辐式双层索网结构。

3

3. 倾斜外墙
4. 一层平面图
5. 建筑立面

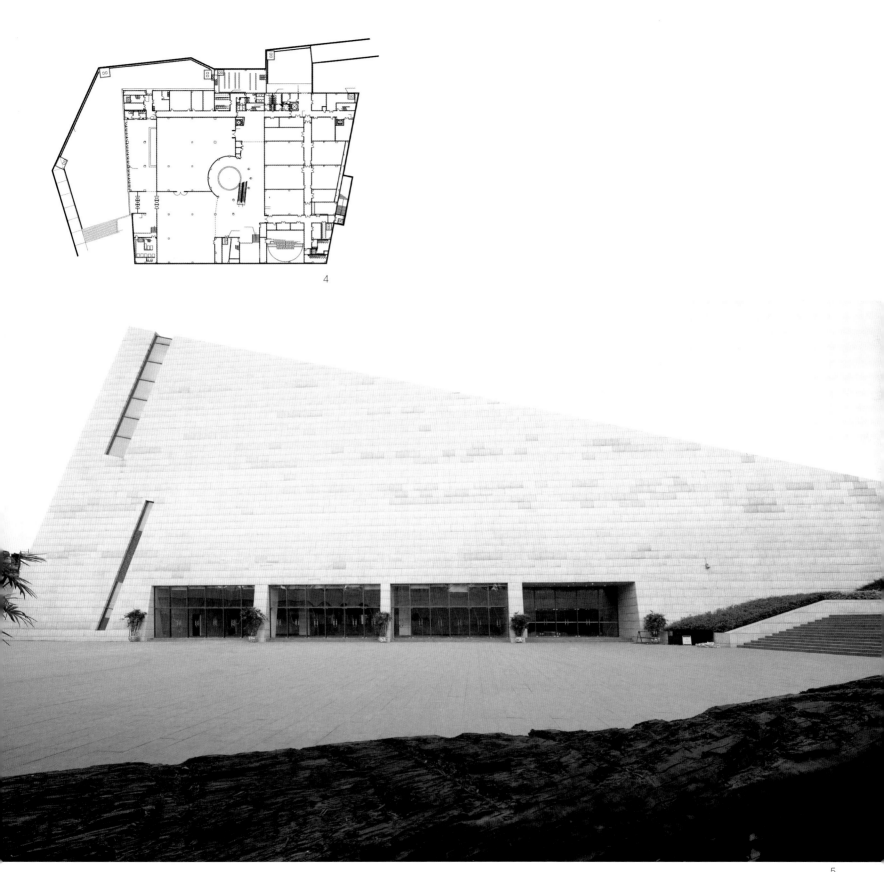

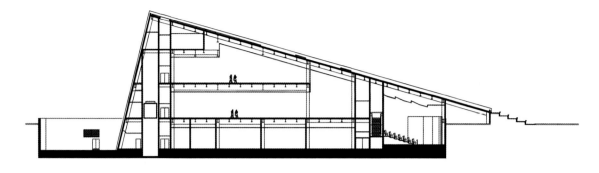

6

6. 剖面图
7. 建筑外景
8. 流线与功能示意图

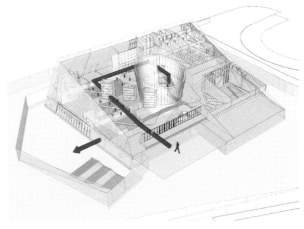

观众流线分析一

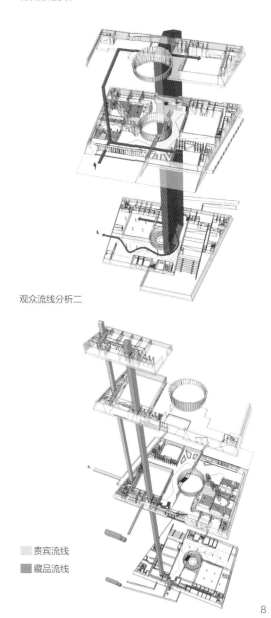

观众流线分析二

贵宾流线
藏品流线

9. 太阳神鸟采光顶棚
10~11. 建筑外景
12. 室内实景

13. 文物陈列馆室内实景
14. 遗址博物馆室内实景

成都金沙遗址博物馆的创新探索
Creative Efforts in the Design of Chengdu Jinsha Relics Museum

文 / 庄惟敏 莫修权

项目背景

2006年6月10日，中国首个文化遗产日庆典在成都金沙遗址公园隆重举行。随着覆盖在国家文化遗产保护标志——金沙太阳神鸟（金沙遗址出土）上的红绸缓缓揭开，成都金沙遗址博物馆文物陈列馆也开门迎宾。

从2001年2月，考古工作者在成都城西青羊大道西侧发现了金沙遗址，2006年6月文物陈列馆开馆，直至2009年1月文物保护中心基本建成，整整8年时间，个中甘苦，颇值回味。

金沙遗址位于成都西郊，距市中心仅5km，东临青羊大道，摸底河从基地穿过。2001年2月，考古工作者在青羊大道西侧出土了大量珍贵文物，并确定金沙遗址是商末至西周时期古蜀国政治、经济、文化中心。成都市政府为保护金沙遗址果断决定将金沙遗址中心区域约434亩已经转让开发的土地回收，并规划为金沙遗址保护范围，建成集游览、观光、休憩、教育于一体的专题性公园。

2002年，金沙遗址博物馆国际竞赛吸引了来自美国、法国、德国及中国的9家知名设计机构的参与。经过严格的评选，清华大学建筑设计研究院方案以其新颖的理念和对遗存恰当的尊重被确定为中标和实施方案。

规划设计

规划方案以横贯用地东西的摸底河为横向景观轴，以南北轴线的开放空间形成纵向文化轴，将园区划分为4个象限，实现用地由静到动的向都市界面过渡。园区主要建筑包括摸底河以南的遗址发掘遗迹馆、园区游客服务中心；摸底河以北的金沙遗址博物馆、文物保护中心及文化配套设施。

规划方案将园区主入口设于用地南侧蜀风花园大道，北区设园区次入口，东侧与青羊大道相接为宽6m的步行道，设步行主入口，西北侧设通往文物保护中心的次入口和后勤入口。公共停车场地设于南北入口位置。

主题游览线位于规划中轴，步行区将前区入口广场，遗迹馆、文物陈列馆通过其间的一系列广场连接，以遗迹馆前竹林广场为空间序列高潮，以陈列馆为收束，贯穿用地南北。

园区内建筑规划采取化整为零的策略，强调地表的连续性，最大的陈列馆地上建筑面积仅1万m²，最小的接待中心仅几百平方米。建成环境的中性特征，体现了遗存本体及其历史环境的完整性、持续性。弹性规划的思想和可持续发展的理念，为日后的科学考察和展示教育活动提供开放型的规划结构和发展的空间。

作为园区建筑主体的文物陈列馆地下1层，地上局部3层，总建筑面积16900m²。建筑形体方正，造型北高南低，与地面相接，仿佛从大地中生长出来，隐喻被发掘的玉璋；纯净的造型削弱了与周边环境的冲突。建筑设计以考古工作中的"探方"作为构思出发点，在建筑设计和景观设计中以10m×10m为基本模数隐喻科学考察的秩序。通过模数的应用将建筑与园区的整体规划协调统一起来。

建筑中央为充满阳光的太阳神鸟光庭，为观众提供参观结束后，积淀情绪、静思冥想的精神性空间。纤细的柔索结构将太阳神鸟标识悬于庭院顶部。神鸟图案的光影投于庭院的弧形壁面上，随着时间变化缓缓运动。

创新探索

在金沙遗址博物馆文物陈列馆的设计中，我们在多方面作出了一些创新尝试。

1. 理念——以中性的手段应答时空的矛盾

金沙遗址博物馆作为城市建成区的遗迹博物馆，我们认为需要解决的问题主要有两个层面：一是规划层面的，作为城市建成区的遗迹公园，如何最大限度地减少对文物遗存的影响，同时又不阻碍城市正常生活，取得保护与发展的平衡，；二是建筑层面的，即建筑既满足使用功能又体现金沙文化，同时还要融入城市环境。

从设计竞赛直至后期深化过程中，一直有两种观念在交锋，即在城市型遗址上的建造活动，是建设性的还是破坏性的。文物界和从事保护规划的专家主张对待遗址应该服从保护，不要在其范围内进行任何建设活动，完全以考古发掘为主，否则就会对文物造成破坏。他们主张易地建馆，遗址和馆舍分离。

而我们认为，对历史遗存的态度不应该是消极的封存和隔绝，而是积极的保护。历史遗存除其文物价值外，还有文化、教育甚至经济价值，如果能够寻求一种合适的积极方式来宣传展示金沙遗址，对于教化公众、传承文化、经营城市无疑具有重要的作用。相反，刻意隔绝就如同将文物锁进保险柜，失去与公众和社会交流的机会，文化传播成为空谈，文物考古成了圈内专家的自说自话，文物研究的意义又何在呢。而易地建馆就如同文物建筑保护中的易地重建一样，文物脱离了原生环境，其价值势必大打折扣，更辜负了成都市政府收回整个园区土地的初衷。

在上述两种观念交锋的过程中，成都文化局和博物院的领导给了我们很大的支持，突破阻力，搁置争议，规划方案终能实施。

具体规划设计过程中，我们根据研究和展示需求，通过前期发掘探明遗存区和无遗存的可建设区的范围，位于遗存区的建筑如遗迹馆主体结构采用大跨度钢结构，尽量减少基础面积的同时，结构基础设在建筑外缘已完成发掘或进行勘探无重要文化堆积的点位，减少对遗迹的扰动；无遗存区的建设也尽可能消解建筑体量，融入整个遗址公园的环境。

2. 建筑——多元化展陈手段使人和展品共同成为博物馆的主角

金沙遗址文物陈列馆位于现代城市环境中，同时又要反映古蜀文化特征，但3000年前的古蜀文化建筑形象现在无从求证。面对这样的矛盾，我们提出以一种中性的手段，即不强调具体历史时间段或具象建筑特征的形象来应答时空的矛盾，强调当下又避免错乱时空的臆想。

在陈列馆内部，设计以多样性的展陈空间，将恢弘的场景式大遗址复原展示与金沙精美文物陈列结合。开敞流动的室内空间打破了传统博物馆将展区、公共空间、教育交流等空间完全割裂的形式，将传统的封闭式独立展厅与开放式台地展区相结合；将被动的"固定式"陈列与互动的"情景式"陈列空间相渗透；将静态的单一参观模式与动态的多媒介模式，和丰富多样的活动相配合，破除了人与文物静止对立的格局。这里，人和展品一同成为文化殿堂的主角。

设计中还致力于使博物馆超越原有的收藏、展示、研究、教育等功能，更成为公众交往和社会活动的场所，使博物馆在市民生活中更加鲜活。同时为了减少博物馆建成后的财政负担，设计考虑了陈列馆内部公共空间的多种利用可能，如新闻发布会、时装走秀甚至企业酒会等多种方式，使公共空间的利用在更加多元化的同时尽可能创造收益，使以馆养馆成为可能。

3. 结构——大跨度预应力钢结构体系降低对遗迹扰动的同时提供更灵活的展陈空间

在满足建筑空间功能的前提下，选择不同的结构体系对本体的影响度是不同的，很显然钢结构比混凝土结构更适应本项目的需求。方案中遗址遗迹馆选择大跨度钢结构形式，结构基础主要设在建筑外缘已完成发掘或经勘探无重要文化堆积的点位，深基础主要设在发掘遗址西侧，东侧未发掘完成区域将设3个基础落点，最大限度减少对地下遗存的破坏。发掘展示区内部为无柱大空间，在获取符合功能需求的建筑空间的同时，将建筑对地下文物本体影响降到最低。

设计中考虑了营建过程的可逆性的可能以及减少施工过程及其方式对园区的污染，由于采用钢结构建筑形式以及装配式的施工方式，在营建过程中将施工操作对园区环境的污染减到最小，而且建成的建筑物在必要的情况下可以移除，为恢复文物遗址本真的状态提供了可能。陈列馆本体以10m×10m的展陈单元作为平面模数，设计为大跨度预应力钢结构，在展厅部分形成30m×30m无柱空间，在垂直向度上提供6~15m的不同高度，为空间布局和与功能置换提供了高度的灵活性、多样性，这在国内博物馆建筑中是非常领先的。

4. 构造——外墙构造体系保证了建筑外形的整体协调浑然一体

大型文化建筑经常会遇到一个问题，即由于空调系统新风、排风需要以及消防排烟的要求，通常外墙面上需要设置很多百叶窗。而陈列馆建筑外立面和室内公共空间的墙地面全部选用同一产地的石灰华石料，也称洞石，目的是使得建筑外形浑然一体，仿佛从大地中生长出来一般。如不得不开设通风排烟百叶窗，对博物馆建筑外墙面的整体性将是很大的破坏，不美观的百叶窗仿佛外墙面上的补丁，成为令人遗憾的败笔。为了解决这一问题，我们采用了开放式石材幕墙的设计，即干挂石材与主体墙面脱开30cm，石材之间1cm的缝隙开敞不封胶，这样在石材和土建墙体之间形成一个空气间层，通过石材缝隙与室外大气相通，满足了通风和排烟需要。通过计算，所有缝隙的面积之和满足百叶窗所需绰绰有余，而且空气间层促进了对流，在石材龙骨的防锈等方面比密闭间层物理性能更优。

在干挂石材的挂件系统方面设计选用了较为先进的背槽式干挂法，即在石材四角开槽，金属挂件不再是螺栓，而是槽钢，这样金属件与石材接触面加大，保证了干挂牢固度，同时还降低了石材用量。

5. 材料——在应用多种新材料的同时实现节能环保和节约自然资源的目标

在陈列馆倾斜外墙围护材料和保温防水材料及构造方面，设计中也作了较为大胆的尝试。国内很多倾斜外墙建筑的墙体都是混凝土直接浇筑，但是陈列馆主体结构为钢结构，混凝土外墙与钢梁钢柱难以交接，且因为膨胀系数的不同，即便暂时交接处理完毕，未来极易因温度变形的不同造成错位和开裂。设计中我们对比了预制混凝土挂板、成都当地的秸秆板等多种材料，最终还是选择了与钢结构配合较好的夹心钢板。

陈列馆外墙面均有1:8~1:6的倾斜度，为了解决倾斜墙体和屋面的一体化防水问题，设计在多方比较后选取了硬泡聚氨酯防水保温一体化材料作为外墙面的保温防水层，这种材料能够较好地实现保温防水的整体性，好比给整个博物馆穿上了一层防护服，既保暖，又防水，一举两得，这在国内博物馆中也是比较先进的。

陈列馆的外装饰材料选用的是白色洞石，四边墙体和屋面均被洞石覆盖，石材总用量达13000m^2。按某资料的估算方式，天然石材从矿山山体到最终挂墙的石板，其利用率仅仅有0.14%，也就是说，这些外墙干挂石材要耗费数十万立方米的山体，对山体资源的消耗是很可观的，我们希望能够通过构造手段尽可能减少对山体资源的消耗程度，于是我们在不能减少外表面积的情况下尝试减少石材厚度以此来减少石材消耗量。洞石属于碳酸钙类石材，材质不够坚硬，一般背拴法干挂洞石的厚度都是3cm，才能保证石材板的强度，通过背槽式干挂法，我们将洞石厚度降低为2cm，同时在石材背面增加一层粘结胶，保证石材在减少厚度的同时强度并不降低。通过权威机构的强度检测，该方法能达到国家规定的石材干挂要求，同时大大节约了石材用量。

通过金沙遗址博物馆项目，我们尝试了一种不同于纯粹的郊野遗址博物馆或城市建成环境博物馆的设计策略，探索了一条新的道路。

汶川大地震后，金沙遗址博物馆主体建筑安然无恙，馆内的文物和藏品无一损毁，新建筑在遗迹原址上庇护了出土文物，整个园区在地震当日即开放临时收容受灾市民。金沙遗址博物馆不但成为了文物的庇护所，还成为广大市民躲避地震灾害的避难所。建筑超越设计意图，提供了更为广阔的人文关怀。

本文引自作者发表于《建筑创作》的文章

现代主义强调使用功能的满足,这使建筑设计趋于同质化和教条,因而对现代主义的批判,且不断追求差异化竞争的今天,独特性成为了建筑创作卓尔不群的法宝,造成了形式主义猖獗,有时甚至使我们都忽略了建筑本质的存在,这是相当危险的。

清华大学专家公寓（一、二期）
Expert House of Tsinghua University

1. 一二期平面图
2. 一期一层平面图
3. 一期外景

工程背景及概况
清华大学专家公寓一期、二期一北一南位于草木丰美、环境清幽的清华大学胜因院内，属于学校老校园核心区的一部分。一期是为我国知名学者提供的住所，由3个私密的院落组成；二期是为高研中心海外学者短期居住而建的酒店式公寓，由A、B、C、D4栋小楼组成，南北以钢结构连廊相连，辅以公共空间和配套用房。

设计指导思想
1. 质朴的外表，人性的内涵
在校园中不追求华丽的外表，以和谐的比例和朴素的材料融合现代居住模式，使建筑掩映在绿荫丛中，做到适用、经济、美观。

2. 以人为本的设计原则
一期和二期的使用者分别为国内知名学者与国外高访学者，根据他们的不同特点，通过对使用者特定行为模式的研究，在建筑设计中的每个细节都体现了设计师对人的尊重和关怀。

3. 对环境的尊重
该建筑位于历史悠久的老校园核心区，本设计力求尊重环境，通过院落式围合布局与校园整体肌理相呼应，实现人与建筑和环境的和谐发展。

设计的几个关键点
1. 户型设计
一期公寓更为私密，每套住宅自成一个院落。公寓内部除一般起居空间外，还重点设有书房、LOFT、客房、内院等，重点打造读书研究的空间，满足学者们的生活工作习惯要求。

二期公寓考虑到外国学者的生活特点和习惯，厨房设计为开敞式西厨，餐厅与起居厅南北相对布置，需要时可将两厅合并成为一个超大活动空间；起居与卧室动静分区明确，书房相对安静独立，采光良好。

2. 公共交往空间的人性化设计
二期属于酒店式公寓，因此设计有公共交往空间，即在首层专门设计了由门厅、活动室（含吧台）、卫生间组成的公共交往空间；在二层还设计了宽敞舒适的室外平台，为西方学者们进行室内室外休闲和交流活动提供了便利。

3. 生活服务设施及后勤设计
二期是为短期在华工作的外国高访学者而建的公寓，所以生活服务设施和后勤的设计就必不可少。结合特定使用者的需求，建筑中设计了值班室（兼商务）、被服间、清洁间、后勤人员宿舍及储藏室。

4. 建筑智能化设计
由于是国内知名学者和外国专家的住所，因此在安保、网络、通信等方面的设计都是比较智能化的，体现了技术的先进性。

5. 建筑形象设计
本着追求校园建筑朴素外表的设计原则，建筑外立面采用灰白色弹涂与灰色面砖相结合的手法，二期中的钢结构长廊则采用与窗框颜色相同的深灰黑色窗框和亲切质朴的木百叶，使建筑与周围环境相融合。朴素的白墙与灰砖、富有亲和力的木材、稳重的深色金属，这一切都体现了清华校园内学者公寓质朴、平和、亲切、内敛的人文气质。

建造地点	北京清华大学
建设单位	清华大学基建规划处
建筑性质	清华大学高等研究中心公寓建筑
用地面积	5869m²
总建筑面积	2882m²
建筑层数	1~3
容 积 率	0.47
建筑高度	11.75m
设计单位	清华大学建筑设计研究院
设计人员	庄惟敏、鲍承基、李文虹等
设计时间	2001.11~2004.02
获奖情况	获全国城市住宅设计研究网，第八届城镇住宅和住宅小区优秀工程设计一等奖
	获2005年教育部优秀建筑设计三等奖（住宅类）
	获第五届中国建筑学会建筑创作佳作奖
	获2008年度全国勘察设计行业优秀工程设计二等奖
	二期获2008年教育部优秀勘察设计建筑设计一等奖
	二期获全国第十三届优秀工程设计项目铜质奖

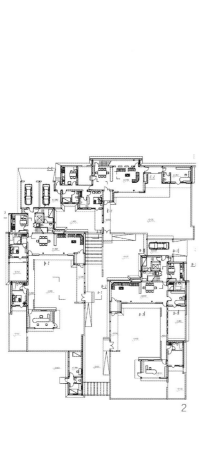

4

5

6

4, 6. 一期外景
5. 一期内庭院
7. 二期手绘草图
8. 二期外景

6. 院落式布局

一期是每套住宅自成一个院落，整组建筑由3个院落围合而成；二期则以一条钢结构长廊巧妙联系4栋小楼，形成几个相对独立的绿色庭院，为使用者创造出具有归属感的私密和安静的居住环境。院落式空间是中国传统居住建筑的空间形式，同时也是能够融合于老校区校园肌理的特色空间，并且适合居住建筑的场所特性。

7. 室外环境设计与可持续发展

该地段环境优美，林木丰富，设计中将原有的大树全部予以保留，尽最大可能地利用原有地形地貌，保护自然环境；室外环境设计中采用乔木、灌木、地被植物和草坪相结合的立体绿化，避免土壤的裸露和流失；道路铺装采用卵石和青石板等天然材料，考虑雨水的自然渗透，保护水循环，实现可持续发展。

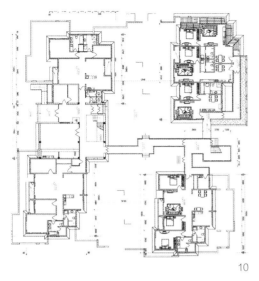

9. 二期保留基地原有树木
10. 二期一层平面
11. 二期深灰黑色窗框和木百叶
12. 二期钢结构长廊内景

13. 二期手绘草图
14. 二期外景
15. 二期南入口
16. 二期建构示意

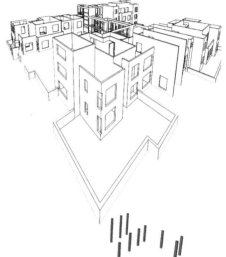
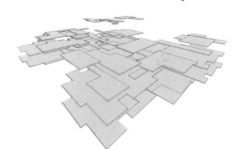

如同一个快要交卷的考试，当我们决定放弃那些曾经的华丽的词藻，集中精力回答主题时，我们发现其实运用朴素的语言和词汇同样能写出言简意赅的文章。

乔波冰雪世界滑雪馆及配套会议中心
Beijing Qiaobo Ski Museum

建设地点	北京顺义
建筑性质	体育建筑
建设单位	清华大学建筑设计研究院
用地面积	48048m²
总建筑面积	滑雪馆31043m²，会议中心26700m²
建筑高度	54.36m
设计单位	清华大学建筑设计研究院
设计人员	庄惟敏、杜爽、姚虹、张葵等
设计时间	2003~2004年
竣工时间	2005年
获奖情况	获2004年首都建筑艺术创作优秀设计二等奖
	获2007年第十三届北京市优秀工程设计二等奖
	获2008年度全国勘察设计行业优秀工程设计一等奖
	获全国第十三届优秀工程设计项目银质奖

乔波冰雪世界滑雪馆位于北京顺义区牛栏山镇，西临顺安路，南北为规划道路。工程建设用地48048m²，总建筑面积31043m²。整体建筑由滑雪大厅及服务区组成。滑雪厅部分架空，部分深入地下，雪道长261m，总落差49.5m，分初级与专业两个滑道区，最高点建筑高度54.36m。

会议中心为已建成的乔波冰雪世界滑雪馆的配套设施改扩建工程，滑雪馆高台下部为改建部分，其西侧为扩建部分。具有会议、住宿、餐饮、健身、娱乐及专业体检中心等多项配套功能。

设计综合考虑并统筹处理用地上原有建筑及扩建建筑的关系，充分利用已建建筑的结构及空间，统一布局功能分区，合理扩充规模容量，注重公共空间的开合变化及室内外空间的流通与视线的畅通，满足了其复杂而特殊的流线要求，使改建扩建设计尽可能完善。该中心的造型与立面设计充分结合并尊重已建滑雪馆建筑的整体控制性体量，追求简洁平实、现代精致，使之与滑雪馆的既定风格协调并为之增色。

1

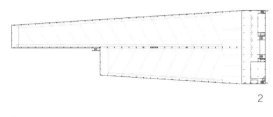

2

3

4

1. 滑雪馆建筑外景
2. 滑雪馆平面图
3~4. 滑雪馆剖面图
5. 滑雪馆南入口侧视景观

6~7. 滑雪馆外景
8. 会议中心外景
9. 滑雪馆阳角处金属外墙面的细部

10~11. 滑雪馆室内实景

从复杂到简单的蜕变
——乔波冰雪世界滑雪馆及配套会议中心
From Complexity to Simplicity - Beijing Qiaobo Ski Museum

文 / 庄惟敏

建筑创作如同作文章，写多容易，写少却难。

建筑设计是建筑师运用所积累的建筑语汇进行空间表达的创造过程。建筑师随着职业生涯的增长，实践经验的丰富，其对建筑语汇的积累也日益增多。每每在设计之初总是想法多多，希望尽可能地用已有的建筑语汇去表达自己的目标。可随着设计的深入展开，那些想法、理念和语汇就一点点地被过滤，被筛选，其中过滤和筛选的机制有时是项目的条件制约，有时是现状环境的限制，当然有时也是建筑师的自省，这时就需要你具备一定的修养，如同作文章，以最少的字精妙而准确地表达中心思想。然而，做建筑和作文章一样，做到"字字玑珠"是很难的。

建筑的创作过程又是艺术的浪漫和工程技术的逻辑相结合的过程，也是在各种苛刻的制约条件下不断妥协、放弃、再思考和重塑的过程。

建筑是这样一种特殊的产品，它不仅有通常意义上产品的使用属性，还具有不可移动性、形成环境景观的标志性、超大的体量感和生产的相对长周期性。几乎每一件建筑产品都是根据业主的设计任务书即使用者的要求定制的，因之其创作和生产的过程无疑呈现出不同于一般产品的特殊性，那就是设计过程中投资者、使用者的参与以及因市场和投资的变化而不断修改和调整的随机性。也正因为如此，建筑创作的过程充满了不定性的诱惑，建筑师在不断否定自身先前构想又萌发新的理念这样一种不断寻求新的平衡点的状态中体味着创作的乐趣。

乔波冰雪世界滑雪馆的设计就是这样一个从之初的复杂构想到最后的简单逻辑的思维发展过程，也是一个设计者与业主不断互动，又不断达到新平衡点，最终实现设计目标的创作过程。

乔波冰雪世界滑雪馆是坐落在北京顺义区牛栏山镇潮白河畔的一座全天候室内滑雪馆。它由我国著名滑冰运动员叶乔波倡导兴建的。项目占地4.8hm^2，建筑面积31043m^2。建筑主体依滑道的走势呈北高南低，室内设高级和初级两条雪道，雪道长261m，总落差49.5m，滑道下端部为服务区。服务区地下一层为更衣、雪具租赁和桑那淋浴；首层为接待大堂、自助餐厅、VIP接待区域；二层为中餐厅、电子游艺厅和乔波体育用品专卖店；空调制冷变配电等设备用房设在建筑主体中段雪道下部[1]。

投资调整使"飞雪"变成了图板上的遐想

张钦楠先生在《特色取胜——建筑理论的探讨》一书中倡导：使设计成为创作[2]。所谓创作就是有理论和思辨的设计目标的实现过程。

建筑的文化属性已经为当今建筑师所广泛接受，建筑师通过材料和构筑逻辑来传达设计者的思想。瑞士结构语言学家F·德·索舒尔（Ferdinand de Saussure, 1857~1913）的那些语言 – 言语、能指 – 所指、共时 – 历时的术语都可以在今天的建筑创作中找到映象。肯尼斯·弗兰姆普敦（Kenneth Frampton）在他的《构筑文化的研究》[3]也谈到了建筑构筑特征的意义问题，他强调建筑师应注重建筑构筑特征的意义，建筑构筑不仅是一种技术手段，更具有文化的表现潜力。通过建筑语言的表层结构即建筑的构筑特征来传达一种文化的所指（或象征）成为我们创作理念生发的一个理论支

注释

1. 杜爽，张葵，庄惟敏. 室内滑雪馆设计. 建筑学报，2006.6
2. 张钦楠. 特色取胜——建筑理论的探讨. 机械工业出版社，2005.7
3. Kenneth Frampton. Studies in Tectonic Culture, the Poetics of Construction in Nineteenth

本文摘自作者发表于《建筑师》04/2006 "建筑工程报告"，有删节

1~2. "飞雪"创意草图
3~4. "飞雪"创意的效果图

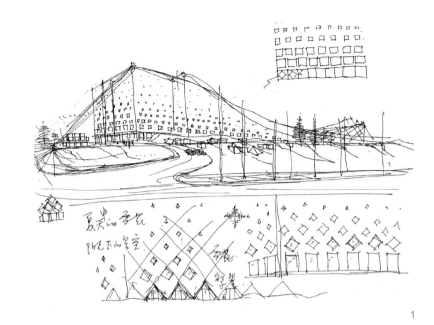

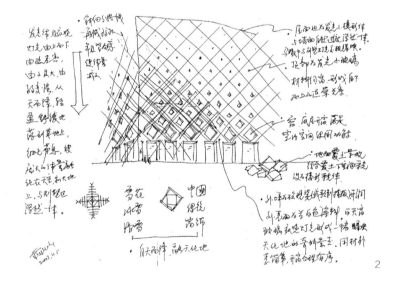

点。最初的任务接触，让我们有了极强的创作冲动。一时间脑海中的创意和构思如泉水般涌出。

结合项目特点和与环境的关系，我们首先要解决的问题是如何将这一庞大的体量尽量减小，弱化对环境的压力。我们以斜置正交的钢筋混凝土框架体系作为主体结构的围护体系。格构的空隙以轻质保温墙板填充。随着主体建筑自下而上空间采光需求的逐渐减小，格构中填充墙上开启的窗洞也自下而上地由大变小，整个立面的窗洞形成一个褪晕变化的完整的效果，延伸到顶部形成一个整体。下部通透开敞削弱了对环境的压力，夜晚内部灯光从大小褪晕变化的窗洞中透出，仿佛是天空飘落的雪花，融入大地，又像满天的繁星，融入夜空。这种与结构逻辑相符，与内部采光保温相适应的构筑特征反映了建筑表层的结构逻辑，同时也传达了我们将建筑与环境、与自然对话和融入自然、回归自然的深层的富有浪漫诗意的文化暗含。最初的创意受到了业主的认可。

然而，这一构思创意的实现是不简单的，斜置正交的钢筋混凝土框架如何与主体结构相连？每一个格构中随开窗大小的不同而带来的多规格墙板如何定位与施工？以及窗洞中透出的灯光如何表达"雪花"，又如何表达"繁星"的意象等等，更关键的是项目投资的压缩，使我们不得不承认，当初的构想过于浪漫而复杂了。在我们比较了常规的梁板柱体系后，决定放弃这个方案。"飞雪"的创意变成了图板上的遐想。

"白桦林"创意的失语
面对甲方确定的惯常跨距的正交梁板柱结构体系，我们曾一度失去了创作的激情。然而追求设计深层理念和文化能指的责任感一直驱使着我们去思考。

显然我们面对的是一个对造价控制苛刻，又对建筑品位要求很高的特殊的业主。首先我们明确大原则，即在投资的控制下，运用成熟的技术和经济的结构体系，如实地反映建筑的架构和空间逻辑，而后在此基础上发掘建筑的文化表现力。"白桦林"的创意出现在我们的脑海，结合结构体系的架构，通过增加部分斜置的雨落管，形成一个连续的建筑表皮界面。在南入口正立面，结合接待大堂的实墙，将窗开成斜向不规则构图，夜晚灯光透出与主体的连续表皮形成一片"白桦林"的效果，同样达到将建筑融于环境，弱化体量的目的，同时传达一种与功能相适应的回归自然、与自然对话的文化含义。

然而，实施设计中"白桦林"的创意显现了致命的弱点。首先白桦林的模拟物是雨落管和结构柱，两者截面尺寸相差极大，要达到视觉统一，雨落管的直径须达到约300mm，这是不现实的。此外为达到"林子"的效果需增加相当数量的装饰性管材，且部分斜置的雨落管会影响到下部空间的再利用。显然创意与功能技术和构筑逻辑发生了矛盾。这时我们开始自省。刻意地追求以建筑表达建筑以外的东西，将会走入形式主义的圈套。这种为了复杂而设计的表皮，显得矫情，这种牵强和偏激的建筑语汇失去了表达建筑本意的能力。最终我们放弃了"白桦林"的创意。

因为工期紧张，定材料也不等人，所以建筑主要的构筑方式和主要材料都先期确定下来了。雪道上部的围护结构采用三层保温复合金属墙面，内外表面为自锁边式铝镁锰合金屋面，保温材料为欧文斯科宁的挤塑板。雪道底板为双层钢筋混凝土楼板，中间夹挤塑板保温材料。雪道下部为梁板柱钢筋混凝土框架结构体系，支撑整个

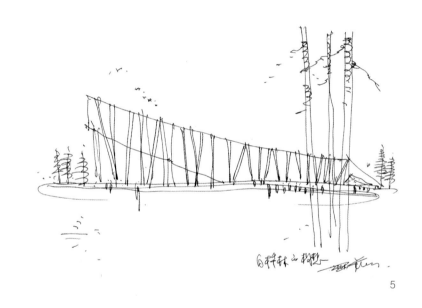

5

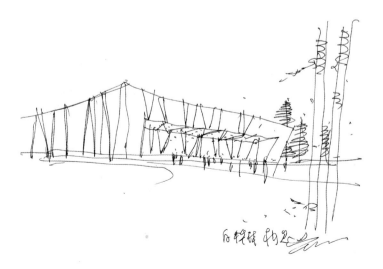

6

5~6. "白桦林"创意草图
7. 灵活的方窗富于表情的墙面
8. 阳角处金属墙面的细部

7

8

雪道,二期将改造成度假休闲酒店。因此,建筑的外观设计就被拖入了"三边"状态。

现实、逻辑和功能中的建构意义及文化表象的再觉悟——理性的简单

最近建筑界有一个口号,叫做"向甲方学习",它表达了一种与现时代相契合的朴素而理性的创作思想。第二代建筑策划大师罗伯特·赫什伯格(Robert G. Hershberger)曾经倡导:民众参与建筑设计。他认为在建筑创作中吸收业主和用户的思想是当代设计方法的关键核心。显然,在这个项目中业主的干预和介入已经成为创作的一个重要因素,但它确实有助于我们以一种业主的立场和最简单的思维方式去考量方案创作。

为了赶在入夏前完成雪道制冷造雪,项目的立面调整被甩在了开工之后。 终于有一天,当我们还在为建构立面的语汇苦苦思索的时候,甲方通知外墙要开始砌筑了。尽管设计尚未同意,但迫于工期的压力,工地开始砌筑了。显然尽快拿出一个既能跟上工期,遵循构筑逻辑,又能具有一定意义表达的可实施的方案刻不容缓。面对工期的要求,施工的可操作性,立面造型意义的表达成为设计成败的重要因素,我们从两方面进行了努力。一是灵活、适度地处理好窗洞的开启;二是对纯粹功能化的屋面及外墙的复合铝板进行表皮肌理的设计。墙体的砌筑一天天增长着高度,在达到窗洞标高时我们一定要拿出设计图纸。结合项目的特点和业主的要求,同时考虑室内的使用功能和施工的可操作性。

这如同是一个快要交卷的作文考试,当我们决定放弃那些曾经的华丽的词藻,集中精力回答主题时,我们发现其实运用朴素的语言和词汇同样能写就言简意赅的文章。简单的建构逻辑的表达,放松、随机而活跃的立面开窗,正好给了我们不曾想过的立面效果。我们最终将南立面处理成大小不等的不规则排列的方窗,在窗框分格和开启扇设置上进行精细的组合搭配,并在窗洞侧壁涂刷红、黄、蓝、绿等原色。灵活的方窗在设计确定标高和尺寸后施工方便。变化的窗子与大面的实墙对比富于表情,传达着活泼动感的意味;对正立面复合铝板进行中轴线对称的斜向排布,增加立面的变化和丰富光影效果,将板材400mm间隔突起的肋在立面斜墙阳角处进行对角拼缝处理,强化金属板材的精细度,增加细部,突出材料的特性。

如此设计后的立面精细别致,表情丰富。最终外立面结构的整体感、逻辑的表现、内在功能的反映以及追求轻松变化的开窗比例和精细的金属墙面肌理,都体现了一种简单而逻辑的创作过程。简单的表达并不是简陋,它同样实现了设计者追求理性、逻辑、求实的创作理念以及对建筑语言传达文化内涵的思考。

在投资、工期、施工工艺等客观制约条件下,不夸大建筑创意,理性地处理客观制约条件与创作的矛盾,如实反映结构的逻辑关系和内在功能要求,并在此基础上对建构意义和文化意象进行恰如其分的发掘和表达,用简单而贴切的手法去实现设计的目标,这是我们在此项目设计中得到的最深刻的感悟。

当这个项目获得2004年首都建筑艺术创作优秀设计奖和2008年度全国勘察设计行业优秀工程设计(原建设部)一等奖后,我们明白,我们的创作和思考被社会认同了。

建筑的空间是有情节的，什么空间将发生什么事情，空间之间和事件之间又有怎样的联系，就像一个讲述着的故事。

清华科技园科技大厦
Science & Technology Mansion of Tsinghua University Science Park

建设地点	北京
建设单位	启迪控股股份有限公司
建筑分类	办公科研建筑
用地面积	16.5hm² (园区指标)
总建筑面积	188027m²
	地上 142162m²，地下 45859m²
建筑密度	19.9% (园区指标)
容积率	2.78 (园区指标)
建筑高度	110m
层数	地上25层，地下3层
设计单位	清华大学建筑设计研究院
设计人员	庄惟敏、巫晓红、鲍承基、漆 山
设计时间	2001~2004年
竣工时间	2005.07
获奖情况	获2006年第十三届首都城市公共建筑设计方案一等奖
	获2007年第十三届北京市优秀工程设计一等奖
	获第五届中国建筑学会建筑创作佳作奖
	获2008年度全国勘察设计行业优秀工程设计一等奖
	获全国第十三届优秀工程设计项目银质奖

科技大厦是一座智能化高科技的综合办公楼，它是高新技术研发的聚集地和辐射源，是清华科技园的中心，更是国家唯一一个A级高校科技园的标志性建筑。

注重建筑与城市关系的总体布局

设计采取分散小体量的处理手法，将建筑分解为4个简洁的方塔插入稳固的二层大平台，缓解了庞大体量对周边地带的压迫感，并使单栋建筑均有良好的自然采光和通风。以轻盈通透的建筑群作为城市对景。建筑单体相距约30m，既相对独立又形成群体，便于交通组织。

从三维立体层面解决功能分区和交通流向

建筑由下而上分层布置功能，地下部分为车库、员工餐厅、设备机房等后勤支持系统，首层和二层为商业餐饮功能用房，三层为大型公共集散功能用房，四层及以上为办公用房。在合理布置功能以发挥最大的经济效益的同时，兼顾满足4个塔楼相对独立的管理要求。

内部交通组织顺畅，有效地避免内部、外部人流、物流的交叉。在外部交通组织上，人走在二层平台与城市街道和园区架空步行系统相连，车行于首层与现有园区机动车交通系统整合，实现了人车分流，体现以人为本的设计思想。

体现人与自然共生共融的环境设计

分列的4塔间隙为城市道路通向园区中心绿地打开了一条绿色通廊，中心是12颗参天钢树，形成灰空间的限定，与二层平台自然的树木共同营造积极的公共交往空间。"树影婆娑"下是绿意盎然的休闲广场，展现人与自然共生共融的景象。建筑首层斜插入地下的草坪，标准层四角的绿色阳台和顶层白色膜伞的屋顶花园无不体现了人性化、生态化的现代商务办公理念。

以人性化设计为出发点的办公单元设计

本工程建筑设计以理性研究为先导，从建筑策划研究入手，合理计算电梯数量、办公空间的日照情况、建筑间的对视影响、光环境影响、绿色休息阳台的配置等，提出办公单元的设计理念。办公标准层经济合理、灵活适用，符合人性化的要求。

展现高科技、智能化的办公建筑细部设计

在数字化网络化时代，建筑亦趋向表现网络和插件标准化功能模块的形态。建筑和凸出地面的形体都被处理成网络上晶莹剔透的功能插件，建筑立面单元式纵横格构体现了人、信息能源在功能块之间的流动和联系。

简洁的建筑体量节约了用地和能源。地下部分自然采光和通风的设计、架空大平台的设计、屋顶花园设计、室内中水系统设计都为节约能源作出贡献。地下平移式机械车库的使用节约了土地。此外，建筑立面采用LOW-E双层中空玻璃幕墙、遮阳百叶、屋顶膜结构，在考虑建筑艺术的同时兼顾建筑节能的思想。

1. 东南方向实景

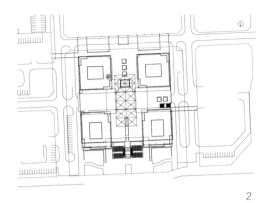

2. 总平面图
3. 建筑外景
4. 建筑细部
5. 夜景

6. 钢树夜景
7. 钢树细部
8. 钢树与建筑

6

7

空间的叙事性与场所精神
—— 清华科技园科技大厦
Spatial Narrative and Genius Loci
- Science & Technology Mansion of Tsinghua University Science Park

文 / 庄惟敏

本文引自作者发表于《建筑创作》04/2009 的文章

有人说建筑设计是一种预体验，当建筑师在进行项目的设计时，他就在笔与纸的空间里演绎着其中未来的人们的活动，同时也体验着其中的生活。清华科技园科技大厦位于清华大学南门外，毗邻成府路，是清华科技园近70万m²建筑群核心区的一幢标志性建筑。建筑位于科技园主轴线上，根据规划由一组四座百米高的塔楼所组成。主要功能包括写字楼、会议、餐饮、会所、公共空间、辅助配套空间和车库，是一座智能化的高科技综合办公楼，它是高新技术研发的聚集地和辐射源，是清华科技园的中心，也是国家唯一一个A级高校科技园的标志性建筑。

建筑群体的对话——城市公共空间与场所精神的营造

清华科技园科技大厦在设计伊始就定位作一个开放的城市公共空间。正如清华科技园的那句著名的广告词"空间有形，梦想无限"。

科技园的建设用地是非常紧张的，在有限的空间内除北侧建成的呈对称布局的科技园创新大厦外，还有东侧的威新搜狐大厦、紫光国际交流中心，西侧的威盛大厦、Google大厦和创业大厦。建筑群围合出园区中心绿地，绿地下部分为公共配套及停车场。场地的现状有明确的轴线关系。分析周边情况我们看到，园区位于清华大学和城市的交接处，是由大学校园相对封闭的空间向城市开放空间过渡的区域。从空间形态上看它应该是一个大学校园接驳城市的"转接器"，从功能意义上看它应该肩负起融合学校科研、科技转化、对外交流和商业服务功能的"平台"。它是清华走向社会的踏板，是校园联系社会的桥梁，是学校对外开放的门户，同时也是社会了解学校的窗口，更是清华面向世界的门面。科技园的设计将反映和表达清华大学面向世界的姿态。

由于用地的狭小，科技大厦的容积率超过1:10。在130m×140m见方的用地内要建设地上和地下超过共18万m²的建筑，而建筑限高又是檐口100m。如何减少建筑对周边的压力是首要问题。设计采取分散小体量的处理手法，将建筑分解为4个简洁的方塔插入稳固的二层大平台，缓解了庞大体量对周边地带的压迫感，并使单栋建筑均有良好的自然采光和通风。以轻盈通透的建筑群作为城市对景。四幢建筑单体相距约30m，南侧两栋适当加大间距，使四栋建筑围合的空间有微微向南开放的趋势，形成微妙的空间感受，既相对独立又自成群体，并与园区其他建筑群形成对话。由于科技大厦位于园区主轴线的前端，作为轴线起始点的建筑，我们将四栋大厦沿轴线分立而设，将轴线让开，以虚轴的方式引导城市空间进入园区，沿大台阶上到二层平台公共交往空间，再通向中心绿地，进而延伸到园区尽端的创新大厦。沿园区主轴线所形成的收放有致的序列空间，主宰了科技园整个建筑群，先抑后扬的空间形态将园区的建筑群统合成一个整体，营造了一个既开放，又有向心性的城市公共空间，彰显了清华科技园的场所精神。

在设计中体验建筑中将上演的一幕幕

如果将建筑师的笔作为指挥棒的话，那么当他进行设计时，他的笔将导演其空间中的人们的活动。建筑的空间是有情节的，什么空间将发生什么事件，空间之间和事件之间又有怎样的联系，就像一个讲述着的故事。这种建筑空间的叙事性通常决定着我们对空间功能的理解和营造。建筑内使用者的活动模式、流线和状态都构成了建筑师生成空间的依据。我们也正是伴随着这些未来空间中人们的生活进行着创作。

1. 上下班高峰时段大厦车流人流的集散——人车立体分流的导演

18.8万m²建筑面积的科技大厦，集办公、会议、研发、餐饮、休闲和娱乐为一体，其中办公写字楼面积占总面积的80%，日常大厦内上班一族加上外来接洽来访人员，人数可达近万人，上下班高峰时段人流极其集中。地下车库设在地下二、三层，车库总面积24240m²，加上地面停车，大厦日常停车数量近800辆。按照规划意见书的要求，满足大厦的停车数量尚不是件困难的事，但当模拟想象上下班高峰时段进出车的情景时，我们就不难发现，几百辆车几乎同时到达或离去的情景，以及短时间内满足员工上下出入的问题远远大于机动车的停放问题。加上为了缓解机动车停放的压力，大厦管理要求部分员工通过大巴班车出行。因此，合理组织人流车流的集散就变成了大厦设计的关键点。首先根据地下车库的平面设置，安排4个机动车出入口，以及与园区中心地下停车场相通的两个出入口，6个出入口保证车库短时间内的进出速率。其次，4个塔楼楼座下专设全开敞联通的地面回车通道，每一个楼座都设有专用的落客区。第三，专门设计二层公共平台，通过大台阶和平台廊桥与园区首层前广场和中心花园相联通，依次形成由地下、首层和二层公共平台所构建的立体人车分流系统。

2. 午间吃饭休息——公共配套空间及"营养层"概念

通常大厦写字楼日常运营的另一个场景就是中午的就餐活动。每当中午临近，大厦各层员工会集中地寻找餐饮空间解决就餐问题。一般情况下，如果大厦内餐厅面积不足，或布局设置不合理，流线不顺畅，势必会造成人流的大量交叉和过度的拥挤，给垂直交通系统带来巨大的压力。

在设计伊始，我们就这个问题调研了北京7座具有一定规模的写字楼，现场就员工集中就餐的实态进行了调查，分析不同就餐人流的走向和行为特征。在设计中我们模拟大厦的人流情况，并计算垂直交通的运载量，同时将餐饮空间按规格档次分别将职工餐厅设置在地下一层，各种快餐设在首层，以及各大风味餐厅设在二层。地下一层为供员工集体就餐的职工餐厅，大开间布局，讲求随来随吃，流线顺畅；首层为各式快餐，小店面，多选择，同时考虑对外营业；二层平台层为各大风味特色餐厅，与二层休闲平台结合，景色优美，品位高档，满足大厦内各公司宴请会客之用。将餐饮空间按档次分层设置在大厦底层公共开放空间，为大厦上部写字楼提供了"营养"保证，上部人流在"营养"层集散，寻找各自适合的就餐场所。

3. 营造园区公共休闲空间——城市公共空间的一部分

定位于开放的城市公共空间的科技园科技大厦其空间形态营造均考虑了面向城市的各个层面。首先，结合首层机动车回车流线及落客空间的布局，将与城市相连的园区干道引入大厦底层，高效顺畅地与城市接驳。第二，通过近30m宽的大台阶将园区地面人流引向二层公共平台，与大厦公共空间和人行入口门厅相接驳。平台上设置12颗17.3m高的巨大钢树，钢树限定的空间气势恢宏。钢树下设置有喷泉、叠水，平台上结合底层空间采光设置的玻璃栏板天井、木质座椅平台、露天咖啡茶座、雕塑小品和树池花草，营造了一个开放而有活力的城市公共空间，在科技园主轴线上将城市与园区融为一个整体。第三，地下一层的商业休闲空间，通过下沉庭院的设计手法，以倾斜的绿草坡将阳光、人流和视线引入地下一层，既解决了地下层公共空间的采光通风问题，又扩大了面向城市的开放空间。大厦建成后，二层公共平台成为市民休闲、散步的理想所在，经常会有人们在那里驻足、留影。

白天，"树影婆娑"下是绿意盎然的休闲广场，展现人与自然共生共融的景象。夜晚大厦灯火通明，泛光灯将12颗巨大的钢树打亮，清澈的喷泉在灯光下泛着粼粼波光，与平台上的水景、小树、绿化，与下沉庭院，与首层的车水马龙，以及与这个平台上活动的人群共同展现了一幅城市公共空间的动感画卷。

空间叙事性的理性推导——建筑策划导出空间构成

大厦的功能是复杂的，特别是大厦建设的商业目标，使得它与市场形成了一种密不可分的制约关系。市场的需求和变化正是大厦设计和建设的前提和关键所在，而设计要求的确定正是市场需求的反映。通常的设计任务书往往缺乏对市场的准确把握，尤其是当某位领导或老总以个人主观臆断来制订设计要求时，其设计的盲目性和风险性都会使项目陷于朝令夕改的窘迫境地。所以在开始设计之前，对任务书的研究变得极其重要。很显然，任务书中那些必要明确的目标和要求也须经过理性的分析和研究。如标准层的合理面积是多少？核心筒的尺寸多大为宜？电梯的数量应该是多少部？如何应对多变的市场而设置办公单元？公共空间应有哪些？各部分面积比例是多少？设备用房该多大面积？如何解决有限面积下的停车问题？等等。

1. 建筑策划的程序／庄惟敏绘制，引自《建筑策划导论》
2. AHP／引自郑凌《高层写字楼建筑策划》

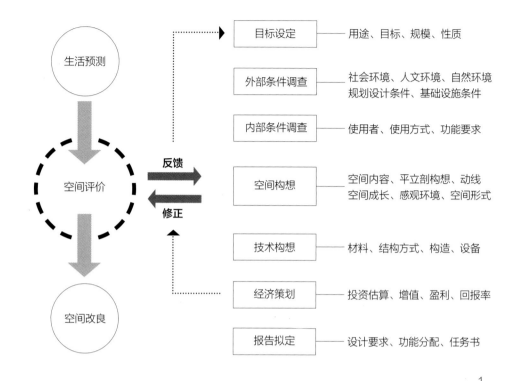

1

2

建筑策划的研究正是我们的工具和手段。通过对项目相关市场的实态调查，采集数据，进行多因子变量的分析，形成初步的空间组成的量化分析结果（初步设计任务书），以此进行概念设计，对提出的若干方案进行层级分析，确定市场和项目影响相关因素的权重，对方案进行评价，确定较优方案，将方案中的信息数据反馈到初步设计任务书中，对初步设计任务书进行调整和修改，最终形成正式的设计任务书。

经过策划的设计任务书明确提出，大厦地下二、三层车库应适当提高层高，满足机械停车要求，为将来不断增加的车位要求做好准备。建筑的地下一层、首层、二层都设计为综合服务的商业性空间，柱距以9m为宜，9m柱距的框架体系足以适应建筑空间的灵活使用和变化。办公楼标准层采用办公单元的设计理念，便于灵活出租和应对变化的市场。

建筑策划的本原就是以市场为出发点，以建设项目的运营和使用实态为研究目标。空间中使用者行为模式的演绎和空间功能特征的理性分析，以及量化的结果就明确了大厦的功能定位，回答业主面对市场不定性而带来的相关问题，依此确定的设计任务书科学、合理而逻辑地表达了甲方的设计要求。大厦建成后面向社会销售，甲方对空间功能组成和各部分面积比例分配以及功能定位非常满意，各方使用情况良好。

我们以为这也是一种创作中场所精神的体现。

集成与整合设计的立场

20世纪80年代，西姆·范·德莱恩提出了"整合设计"的概念，即在建筑设计中充分考虑和谐利用其他形式的能量，并将这种利用体现在建筑环境整体设计中。

西姆·范·德莱恩的整合设计注重三个问题，一是建筑师需要用一种整体的方式观察构成生命支持的每一种事物，不仅包括建筑和各种建筑环境，还应包括食物和能量、废弃物及其他所有这一系统的事物。二是注重效率，尽量简单，这是任何自然系统本身固有的特征。同时，自然系统的众多特征是在整合的条件下才可以正常运作。三是注重设计过程，采纳自然系统中生物学和生态学的经验将其应用于为人类设计的建筑环境中。这意味着建筑设计要超越单一的建筑建造范围，而走向整个环境，寻求获得最高的使用价值和对环境最低的影响。当引入了系统集成的设计概念后，可持续发展的建筑设计将不再是各自为营地注重设备和投入的攀比，而专注于有限资源和技术手段的整合集成。

我们在科技大厦的设计中运用整体的集成设计理念，形成五个集成系统。

1. 建筑优化设计体系：通过场地、道路、功能、结构与构造、设备等的集约化设计，在一定程度上实现节能、节地、节材的综合效益。

2. 能源设计体系：在通过降低建筑围护结构能耗的基础上，全面考虑基地所能采用的经济合理的能源。

3. 建筑材料体系：不仅选用绿色环保的主要建材，对固、液废弃物的循环利用也加以关注。

4. 优美环境体系：在平台景观设计中运用架空屋面设置平台、树池和绿化，结合园林专家对北京地方树种的建议，合理设计树池的尺寸，综合考虑植物生长的覆土需求、休息座椅高度、照明位置、植物排水和雨水的结合、防根系穿刺等一系列要求，完成整体的环境设计。

5. 智能控制体系：运用智能控制系统和经济平衡系统，实现大厦的整体智能控制，达到综合节能。

采用集成设计模式的建筑设计将需要建筑师全程参与。在建筑设计初期，我们就将建筑全寿命周期的能源消耗作为考量要素，在满足建筑功能需求的前提下从建筑材料、使用、形态上进行综合考量。建筑师在集成设计中应占主导地位，他并不需要去创造各项新的技术，但是需要吸收各项新技术，把它们放入集成系统中去。这对于建筑师的工程学知识是一个严峻的考验。要求建筑师积累相关学科的知识，主动走向学科交叉的网络，统合诸如植物学、生态学、地形学、社会学、历史学等相关学科，通过跨学科的规划和设计达到整体设计的目标。当然我们需要调整和改进的地方依旧存在，如扩大设计团队的组成和参与人员，除了规划师、建筑师、景观师、室内设计师、结构设计师、设备工程师外，在不同阶段邀请更为专业的技术人员加入，对声、风、光、能量、水、废弃物等做量化分析提出合理化建议处理；增加设计程序和运作的环节，在设计文件中明确可持续设计目标，并规定具体要求，坚持从一开始定期召开团队会议，促进跨学科的沟通和合作，定期检查目标实现的进展，运用生命周期费用分析确定最佳方案；增加运行和评价环节，通过在公共地点进行可持续的展示向使用者宣传策略和目标，提供使用说明，确保使用者了解建筑设备、材料、景观的清洁和维护要求，并在使用一年后进行后评估。

我们希望上述这些目标能在这个项目使用、运营及后评估中继续实施，并在下一个项目中全面贯彻。

我们要表达什么

在这个项目的设计中我们对空间的演绎，是依照着其中人们行为的叙事性发展而展开的，但我们想表达的不仅于此。在这里我们要表达的是这个项目的整体精神：

一种体现集成与整合设计理念的场所精神。

一种逻辑、理性、开放、秩序、平等、高效、集约的面向城市的场所精神。

一种建筑和自然融合的人性化、生态化的现代商务办公的场所精神。

一种体现数字网络化时代，表现网络和插件标准化功能模块的人与信息、科技无缝连接的场所精神。

一种在高密度高容积的混凝土森林里创造一片绿色的天空的、具有人文气质的场所精神。

一种以建筑策划为先导，科学逻辑地分析市场，研制设计任务书的，理性设计的场所精神。

我们所坚持的不仅仅是一个设计的原则，更是一种设计的态度。

建筑创作过程是艺术的浪漫和工程技术的逻辑相结合的过程，也是在各种苛刻的制约条件下不断妥协、放弃、再思考和重塑的过程。

清华大学信息技术研究院
Institute of Information Technology of Tsinghua University

建造地点	清华大学校内
建设单位	清华大学
建筑性质	办公、科研
用地面积	1.89hm^2
总建筑面积	3.61万m^2
建筑层数	地下1层,地上5~6层
建筑高度	26.35m
容积率	1.91
设计单位	清华大学建筑设计研究院
设计人员	庄惟敏、姚红梅、张晋芳
设计时间	2001.04~2002.01
竣工时间	2004.05
获奖情况	获2005年教育部优秀建筑设计二等奖（公建类） 获2005年建设部部级优秀勘察设计二等奖

本项目是一栋多学科交融的教学、科研、办公建筑。地下1层,地上5~6层,总建筑面积为36110m^2,其中地下建筑面积为6700m^2。5个系所分层设置,为创造符合该建筑功能特点和性格特征的高潮空间,设计了一个由一层至四层的阶阶递进、层层开敞的中庭空间,顶部设计了采光顶棚。由一层直通四层的大楼梯寓意信息高速路,层层跌落的交往平台为多学科的信息交流提供了多层次的交流空间。在建筑的立面造型上运用带遮阳铝条板的大片条形落地玻璃与方窗相结合,以双色花岗石水平分格条带突出横向造型,给人以舒展的感觉。西侧运用倾斜的点式玻璃突出主入口,两侧配合以实为主的墙面,以强烈的虚实对比形成简洁、鲜明的建筑形象,在建筑风格上体现了信息时代前沿学科"信息技术研究"的主题特征。

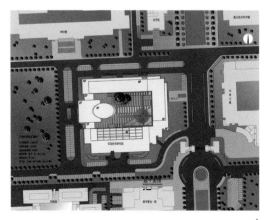

1

2

1. 总平面图
2. 室外局部
3. 建筑外景

4. 内院
5. 夜景

6. 中庭空间
7. 室内楼梯

简单的表达并不是简陋，它同样实现了设计者追求理性、逻辑、求实的创作理念以及对建筑语言传达文化内涵的思考。

做贴切的建筑。

清华大学西区学生服务廊
Student Service Veranda in Tsinghua University West Campus

建设地点	清华大学西区学生生活区
建筑面积	950m²
建筑层数	2层
结构体系	钢结构框架
主要材料	钢、玻璃
主要功能	超市、银行、邮局、修理、美容美发、多功能休闲、聚会
设计单位	清华大学建筑设计研究院
设计人员	庄惟敏、杜 爽
设计时间	2002.08~20002.09
竣工时间	2002.10~2003.01

场地解析
建设场地位于清华大学校园西部学生生活区，与学生宿舍1、2号楼、新斋和新建西区食堂相比邻，地形呈南北向长方形。原用地内为学生生活区配套服务设施。该用地经过整合设计应保证和完善配套服务设施的使用功能，同时与周边建筑围合形成开敞的服务休闲功能性空间——休闲广场，为西区学生在有限的空间里提供一个既满足使用功能，又有自然氛围的轻松开敞的休闲活动场所。

建筑空间的定位
空间的营造以使用功能为首要，力求创造出合理有效并富于变化的建筑空间。休闲活动也是该建筑空间功能的重要组成，室外休闲空间与室内功能空间的虚与实、开敞与封闭的有机结合，共同构成建筑的整体。

建筑的边界
该建筑应没有明显的包络边界。建筑融合在自然中，建筑的空间流淌到自然里，自然环境又浸润到建筑中。建筑中有自然，自然中有建筑。

建筑空间的语言
建筑应该是具有表情的。这幢建筑的表情，应是随和、质朴、自然而谦逊的。3.6m×3.6m×3.6m的钢格构作为建筑构成的基本语汇不断地进行着重复。曲线的玻璃、直线的砖墙作为空间造型的元素，穿插在规则的钢格构中，形成一种理性、逻辑与浪漫变化相结合的空间表述。深灰色的钢格构和小片木质百叶隔板，传达一种含蓄、平和、不张扬的基调，与环境绿化融为一个整体。

空间与自然的对话
对话一，为环境造景。用地南半部西侧，朝向新建成的西区学生食堂。食堂亮丽大气的东立面，已经成为清华校园的一处标志，由学生宿舍区向西望去，其景观意义不容忽略。以规律有秩的钢框架，虚实相间，透过格构框架形成图框，远眺西区食堂，使景观价值得以提升。

对话二，保留树木。3.6m×3.6m×3.6m的钢格构，最大限度地保留原用地内的树木。格构单元在遇到树木时，除保留钢柱和钢梁，维持结构的连续性之外，不设楼板，以使树木"破顶而出"，形成树在建筑中，建筑又融在绿化里的自然和谐的景象。

对话三，建筑、天空、大地的交流。间或挑空的3.6m×3.6m的钢格构单元，将蓝天、白云、阳光吸入建筑中。阳光可以穿过空灵的格构照耀在建筑底层的草坪上，小雨也可以飘洒在草坪间的小石径上，使空间与环境形成有机的交流。

对话四，架空广场与绿化立体交流。沿钢梯拾级而上，二层休闲广场平台豁然开朗。四周望去，1、2号楼掩映在绿树中的大屋顶飞檐、新斋写满沧桑的红砖墙，还有新西区食堂都一览无余。俯首下望，棵棵绿树自草坪穿过挑空屋面，向上挺拔生长，一眼望去仿佛是在二层平台上种植的树木似的，上下立体绿化的交流，平添了架空广场的自然情趣。

设计者的追求
功能、平实、亲切，自然的融合；绿色材料——钢结构的运用，理性逻辑的空间组合；莫求独自成景，但求成景环境。

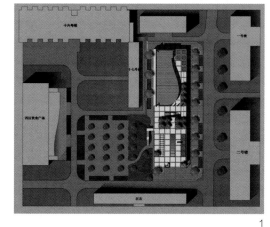

1

1. 总平面图
2~3. 虚实对比
4~5. 树木与建筑融合
6. 二层平台花园，一二层流通空间

柯布西耶在《走向新建筑》一书中说过,建筑与各种"风格"无关。……所以我们必须摒弃掉在这个项目中玩弄形式和所谓理念的企图,老老实实尊重已有的文化基因,任何形式主义的作为都将破坏原有设计的精髓。

中国美术馆改造装修工程
China National Art Gallery Renovation Works

建造地点	北京
建设单位	中国美术馆
协作单位	清华工美建筑装饰工程有限公司
建筑分类	博览建筑
用地面积	25400 m²
总建筑面积	22379m²
	地上15177m²，地下7202m²
建筑密度	35.80%
容积率	0.66

建筑高度	31.12m
层数	地上4层,地下2层
设计单位	清华大学建筑设计研究院
主创人员	庄惟敏、汪 曙
结构设计人员	姚卫国、李 铀、殷忠生
室内装修	宿利群、林 洋
设计时间	2001.01~2002.04
竣工时间	2003.03

获奖情况	获2004年全国建筑工程(公共建筑)装饰奖
	获2005年教育部优秀建筑设计一等奖(公建类)
	获2005年建设部部级优秀勘察设计一等奖
	获全国第十二届优秀工程设计项目金质奖
	获2009年建筑学会建筑创作大奖
	获2009年全国建筑设计行业国庆60周年建筑设计大奖(中国勘察设计协会)

中国美术馆南临五四大街(红线宽度60m,城市主干道),东临美术馆东街(红线宽度50m,城市次干道),北临黄米胡同(宽5m),西临拟建二期用地。

工程背景及概况

中国美术馆原主楼由戴念慈先生主持设计,竣工于1962年,原面积17051m²,是国际上80个著名美术馆之一。2001年12月通过方案投标我院中标,承接美术馆改造装修工程。

设计指导思想及主要内容

保持风格,提高标准,完善功能。美术馆改造装修工程,由主楼改造装修、新建地下设备用房及地上职工餐厅三部分组成,主要内容包括完善总平面及功能分区、优化观展及交通流线、扩建部分展厅、内部空间整合、优化展陈方式及观展序列、改造展厅照明系统、内部装修及结构加固、外立面装修材料的改造,增加和改造恒温恒湿的空调系统、增加和改造楼宇自控及消防防盗监控系统,充分发掘地下空间,新建地下室设备用房、展品包装周转库及职工餐厅。改造后的总建筑面积22379m²,形成一个严整对称、疏密有致、气势恢弘的艺术殿堂。

改造设计的几个关键点

1.将新增功能设于北庭院地下室,整合北庭院绿化广场,使美术馆建筑群趋于完整。

原主楼为均衡对称的建筑形式。将新增功能设于北庭院地下室,重新进行功能分区,在老馆东北角扩建展品包装周转库和职工餐厅,其造型与主楼西北角的画库形成均衡对称之势,既完善和整合了原有主楼及北庭院的空间功能,又使整个美术馆建筑群趋于完整。

2.展陈及参观流线环通并延长,各条流线互不交叉
(1)参观路线
将主楼北侧半圆展厅两侧厅向北扩建,形成两个多功能展厅,通过连廊将参观人流形成环状流线,改扩建后展线总长度达2100余米。

1. 改造后南立面外景
2. 剖面图
3. 改造前南立面外景

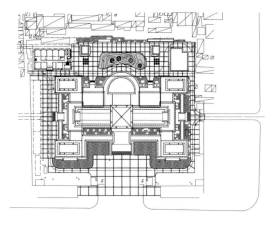

（2）工作人员流线

后勤办公与服务设施入口设在建筑物北侧与西侧，交通流线在展厅外侧，不与参观人群交叉。

（3）展品货运路线

展品运输由东门进出，在东北侧新建部分首层进行装卸，通过垂直交通运输到地下展览准备间，与参观区域不交叉。

3. 增加展陈空间，完善内部设施

在原主楼半圆厅两侧新增两个专题展室和多功能展厅。多功能展厅以罗马洞石装饰墙面、地面，既可作为展陈空间，又可作为展品发布、会议、演讲及冷餐宴会厅。东西门厅增设大型无机房电梯两部，改善垂直交通并兼作消防梯。四层改造为美术者之家及学术研讨厅。

4个角厅去除原有32根柱子，设置灵活隔断。东西门厅增设4个卫生间。通过主门厅进入宽敞明亮的大堂。改扩建后参观流线循环连续，展厅由14个增加到21个。

4. 外立面改造保持风格，提高标准

在原美术馆主楼62砖墙外干挂国产锈石花岗岩，以长宽2:1的比例分格，琉璃花饰按原样翻新，经公示和专家论证，力求保持原风格的统一协调感，同时体现国家美术馆的历史性、文化性和厚重感。所有外窗更新为深色铝合金窗，内外门按原风格翻新为铸铜装饰玻璃门并达到防火门的要求。

5. 保留绿化，美化环境，新增完善室外展场

在主楼北侧新建区，最大限度地保留了原有树木。将原封闭它用的东西外廊彻底打开，露出原设计中的竹园，既丰富了东西立面景观，增加了层次，又体现了原设计的思想。改造后的美术馆庭院绿荫成片，竹林环抱，环境幽雅，景色宜人。

6. 结构加固，设备更新，恒温恒湿，防红防紫，安全防盗

对4个角厅屋顶重新改造，封闭中央天窗，沿展墙四周新设自控调光百叶采光天窗，营造天然光展厅效果。结构楼板、梁、柱全面加固，达到国家抗震要求。增加消防电梯和疏散楼梯，符合高层建筑防火规范。更换改善展品照明设计，设置进口防红防紫专业照明灯具。更换全部空调系统、恒温恒湿、变配电系统。增加消防自动喷洒和火灾报警系统、安全防盗系统。

7. 改善展厅照明，提高展陈标准，以人为本的人性化设计

展厅自然光与人工光结合，智能调节照度，满足多种展示需求。强调以人为本，新增存衣间、接待室、咨询处，展线流畅合理，多功能展厅可为参观者提供多种服务；增设无障碍电梯、坡道、高标准卫生间、庭院室外展场以及休息座椅等等。

8. 主要材料

一层大厅地面、墙面选用深米黄色罗马洞石，以灰白色错缝敷设，突出艺术殿堂的厚重和文化感。展厅墙面为亚光灰海基布涂料附加展示配件，一层东西侧厅沿展墙做玻璃展柜和活动展板。部分展厅增设轨道隔断，形成多种展示流线。中央大厅和东西侧门厅采用进口吸声板材吊顶，维持原有花饰及灯饰保留原风格，满足展览开幕式及展品发布典礼仪式的声学要求。

4. 总平面图
5. 南立面入口
6. 改造后墙上花饰及树影
7. 改造后的庭院

8~9. 改造后的夜景
10. 改造前大堂入口铜门
11. 改造后大堂铜门及花饰
12. 改造前有柱子的角厅
13. 改造后角厅天窗自然采光

10

12

11

13

14~15. 改造后角厅
16. 改造后楼梯
17. 改造后展厅
18. 改造后圆厅

16

17

18

与前辈大师的一次用心的合作
—— 中国美术馆改造装修工程

A Diligent Cooperation with the Senior Master
- China National Art Gallery Renovation Works

文／庄惟敏

项目投标及思考

中国美术馆位于北京市东城区五四大街1号，主楼竣工于1962年，面积17051m²。主楼设计出自名师戴念慈先生之手。整体建筑仿敦煌密檐造型，轮廓线丰富，恢弘大气。浓郁民族风格与绿树成荫的环境使它成为北京的标志性建筑，也是国际上80个著名美术馆之一。由于当时投资所限，一些功能和配套设施在主楼竣工后陆续完善。自1960年以来，先后建成宿舍、食堂等附属用房2470m²。1980年代末进行过抗震加固和局部改造，1995年加建了4143.5m²的画库。

随着社会的发展，当时设计建成的中国美术馆在功能设置、陈列方式、空间布局、技术水平、消防设置、基础设施等方面均已落后。2001年12月，文化部决定对中国美术馆进行第三次改造扩建。

参与投标伊始，我们心里惴惴不安。这样一个深入人心的、著名大师的作品，该如何改造？是抛弃旧的以全新的空间与之形成对比？还是以"隐"的手法，将新增功能作为补充和陪衬？怎么样才能做到既尊重原作，又完善功能，提高标准，达到甲方的要求？怎样才能在当今的建筑创作思潮中体现当代的文化价值？在这个项目中建筑师的定位应该如何？

态度决定方向，以一个什么样的态度对待这次设计是我们首要的思考。

现时的中国建筑创作正被人批评为向文化荒芜方向滑去。"……这么快地摧毁历史，却又创造不出新的历史，一个个毫无个性的建筑，一个个毫无个性的城市。诚然，是新的城市，是新的建筑，但是缺乏的是文化的灵魂。"（王明贤《重新解读中国空间》）。对建筑师及其作品，"没有文化"的指责是当今建筑师所最不可承受的批评语。面对这样一座公认的文化丰碑，其改造扩建的文化内涵该如何体现呢？

现时的建筑创作往往给建筑师带来更多的功能与空间以外的负荷。信息社会，建筑已成为传媒的一部分。作为大众媒介的建筑，业主或建筑师希冀以建筑形象彰显文化理念，进而张扬个性，这已变成一种时尚或潮流。建筑师的创作过程也由最基本的空间功能的研究，异化为所谓文化理念的发掘和加载的过程。建筑方案的阐述和解析的过程也更像是一场哲学的讲演或散文诗歌的朗诵。随着建筑学的发展，建筑的内涵和外延变得愈来愈宽泛。建筑被赋予了愈来愈多的含义。因此相关的建筑师的责任也变得愈来愈大，既要创造人类新文化，肩负人类传统文化的复兴和继承，又要通过城市、建筑和环境的营造创造人类新生活，彰显和传播地域和民族文化，如此等等。

纵观历史，建筑创作的精髓显然不是源自形而上的文化或理念的释意。柯布西耶在《走向新建筑》一书中说过，建筑与各种"风格"无关。密斯也说过，"……形式不是我们的目标，而是我们工作的结果。……我们的任务是把建筑活动从美学的投机中解放出来"（《创作》1923/2）。所以我们必须摒弃掉在这个项目中玩弄形式和所谓理念的企图，老老实实尊重已有的文化基因，任何形式主义的作为都将破坏原有设计的精髓。我们应该做的只有更多地关注和研究一块砖的砌法，梁与柱的交接，材料界面的过渡，窗洞的比例，檐口的收边，选材表面的肌理和质感等等，这才是对待这个项目最贴切的定位。

在认真分析现状，听取甲方的意见，并研读了戴念慈先生的原始设计图纸和相关论著之后，我们逐渐对大师的作品也有了更深层次的理解，也更坚定了我们的方向。

戴念慈先生认为，建筑设计的出发点和着眼点是内涵的建筑空间，把空间效果作为建筑艺术追求的目标，而界面、门窗是构成空间必要的从属部分。从属部分是构成空间的物质基础，并对内涵空间使用的观感起决定性作用，然而毕竟是从属部分。至于外形只是构成内涵空间的必然结果。从戴先生的作品中我们分明可以看到这一点。那精心绘制的琉璃花饰与10cm×20cm的面砖所形成的细部对应于瓦当的精妙比例，那充满中国传统精神的花窗和展厅大门，那以圆形预制混凝土构件构筑出的密檐，在白天随阳光变化所形成的类似敦煌莫高窟密檐光影的巧妙建构，那富有层次感的空廊和竹园等等，都用细部烘托着美术馆这个完整的艺术整体。建筑师所要做的就是实实在在地关注空间，通过关注那些精细、真实的细部处理来实现对人的尊重和对历史、文化和环境的尊重，实现建筑的本原意义。这也就是当初我们参与投标进行方案设计时的基本思考。

中国美术馆为一级一类国家级重要建筑，担当着国家美术博物馆的角色。中国美术馆改造工程遵照中央有关指示和精神，根据甲方任务书的要求，本着保持风格，提高标准，完善功能的设计指导思想，充分利用科学技术成果，结合现代人文思想，环保理念，使之达到国内一流美术博物馆的水平。我们在设计中将上述原则落实到空间组织和建筑表达上。保留原建筑中最核心的空间构成关系，维持原立面的比例尺度，将北院场地地下开发，设置修缮、画品周转库和办公及设备用房，地面整合绿化庭院，以外观最小的改动获得最大的空间改善。

1. 改造后外景

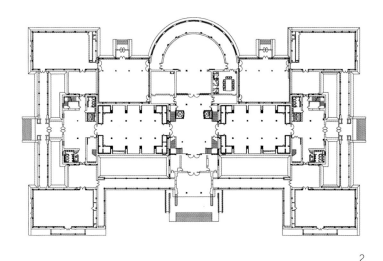

2. 一层平面图
3. 二层平面图

经专家评审，清华大学建筑设计研究院通过设计方案竞赛中标。

改造要点

该工程受原有建筑的制约，改造难度极大。原建筑在抗震等级、消防设计方面均未达到国家现行规范的要求。原建筑外饰面面砖空鼓剥落严重。室内展陈流线交叉且不连续环通。4个角厅有32根柱子，影响观展。原设计在展厅中部的采光天窗因达不到展陈采光照明要求，已经被封闭。展厅陈列厅的消防系统老化。垂直交通数量不足，室内缺少卫生间。由于总体面积不足，当初设计缺少必要的画品接收和周转拆装库，造成国外一流作品无法来馆陈展。部分修缮和办公室占据了首层院落，使原本应该向公众开放的空间被封闭作他用。此外，整个院落因常年临时搭建，布局杂乱，缺乏必要的配套设施，绿化空间匮乏。20世纪60年代初建造时部分建筑材料是国庆十大工程的剩余物资，同时受当时施工和技术条件低下的制约，加上唐山地震的影响，使得这座艺术殿堂饱经沧桑，已经到了必须改造加固的时候。

本次改造装修工程的主要内容包括完善总平面及功能分区的设计、交通流线设计、内部空间展陈方式及序列的设计、内部装修的改造、内部空间的功能完善以及与之相配合的结构加固设计、外立面装修材料的改造，同时对水、暖、空调、电气系统进行改造设计，并充分发掘地下空间，新建地下室设备用房及职工餐厅，新增面积达5328m²，改造扩建面积达22379m²。

1. 将新增功能设于北庭院地下室，整合北庭院绿化广场，使美术馆建筑群趋于完整

原主楼布局为均衡对称的建筑形式。将新增功能设于北庭院地下室，重新进行功能分区。北侧地上保留并设计完整的绿化广场。在老馆东北角地下扩建展品包装周转库，地上扩建职工餐厅，其造型与主楼西北角的画库形成均衡对称之势，既完善和整合了原有主楼及后院的空间功能，又使整个美术馆建筑群趋于完整，是此次改造扩建工程的一大亮点。

2. 展陈及参观流线环通并延长，各条流线不交叉

将主楼北侧半圆展厅两侧厅向北扩建，形成两个多功能展厅，可以满足展陈、作品发布、冷餐招待会等活动，并可通过连廊将参观人流形成环状流线。后勤办公与服务设施入口设在建筑物北侧与西侧，交通流线在展厅外侧。展品运输沿东门外墙路线进出，在东北侧新建部分首层进行装卸，通过垂直交通运输到地下展览准备间。

3. 增加展陈空间，完善内部设施

在原主楼半圆厅两侧新增两个专题展室和多功能展厅。东西门厅增设大型无机房电梯两部，既改善垂直交通，又不因机房影响原建筑轮廓线。4个角厅将原有32根柱子除去，设置灵活隔断。东西门厅增设4个卫生间。通过主门厅进入宽敞明亮的大堂，首层采用进口罗马洞石干挂。改扩建后参观流线循环连续，展厅由14个增加到21个，改扩建后展线总长度达2100余米。

4. 外立面改造保持风格，提高标准

原外饰面为100mm×200mm面砖，空鼓剥落甚多。业主在此次改造中坚持外立面要干挂石材。根据目前工艺，外墙在干挂完成之后要整体胀出10cm左右，使原琉璃花饰无法与石材面平齐，且原砖混结构的砖墙强度等问题都给干挂石材带来了难度。经认真研究论证，决定在原62砖墙上每隔1.2m打一个燕尾槽，植筋，现场浇注混凝土构造柱，并作预埋件。构造柱间距决定石材尺寸大小，考虑原面砖1:2的长宽比，最终石材的尺寸为600mm×1200mm，并对全楼所有琉璃花饰重新放样烧制，使整体比例和尺度与原设计风格一致。干挂石材为国产锈石烧毛板。

5. 结构加固，设备更新，恒温恒湿，防红防紫，安全防盗

4个角厅增加自然采光天窗，电脑调控遮阳百叶。所有展厅的门，在保持原风格的同时，全部改为防火门。结构全面加固，达到国家抗震要求。增加消防电梯和疏散楼梯，符合高层建筑防火规范。更换改善展品照明设计，设置防红防紫专业照明。全部更换空调系统、恒温恒湿、变配电系统。增加消防自动喷洒和火灾报警系统、安全防盗系统。

单体建筑的改造与扩建

美术馆改造装修工程，由主楼改造、装修，新建地下设备用房及地上职工餐厅三部分组成。由于主楼建造年代久远，在使用功能，设备先进性以及内外装修等方面都不能与现代国家美术馆的身份相吻合，所以此次改造工程主楼是重点。

新建地上建筑与主楼和原有西侧画库相呼应，在体量、色彩、材料的细部装饰上与原建筑保持一致，使美术馆体形和空间的对称性更加完整。

1. 原主楼改造、装修设计
（1）平面布置及参展流线

主楼一层原建筑面积为7469m²，改造后面积为7798m²，占整个主楼面积的43.8%，为美术藏品主要

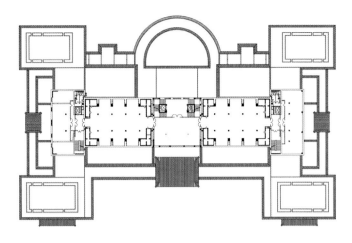

3

展示区。将北侧原有设备用房和办公用房迁出,拆除主体原有北侧外墙,将北侧外墙向北移5m,在圆厅两侧新增两个多功能展厅兼画廊(销售),必要时可作为交谊休闲空间;在圆厅和4个角厅之间增设新的通道,使原来的7个展厅与新增加的两个多功能展厅兼画廊形成联系,便于参观和布置;在圆厅两侧增设专题展室,都可从南北双方向出入;东西门厅增设大型双门无机房电梯两部,既改善垂直交通,又不至因机房突出屋面影响原建筑轮廓线;4个角厅将原有8根柱子除去,使空间开敞;东西门厅增设4个卫生间。通过主门厅进入宽敞明亮的大厅,可以通往本层所设的14个展览厅。通过外廊、东西门厅的联系,使参观流线形成展线循环,保持了观众参观流线的连续性。多功能展厅、专题陈列厅及4个角厅的布置,使得在连续性的展线上形成了相对的独立空间,避免了观众产生参观流线冗长的感觉。在北侧圆厅利用交通路线的引导,将环形画廊、茶座巧妙地引入,丰富了空间并增加了趣味性。

一层夹层为办公用房。二层将东西两个侧厅改为专题陈列展厅。二层夹层西侧为专题展厅。三层将中央大厅改为多功能展厅,室外屋顶平台做成室外休息展场,增设绿化和设备。展厅的顶部设置了隔断轨道,以适应展览的空间灵活性要求。三层夹层为画框库。四层将原美术者之家改为学术研讨多功能厅。考虑解决四层消防疏散问题,在多功能厅两侧增设疏散钢梯两部。全馆改造完成后,展陈厅数量达到21个,大大改善和扩大了展陈空间。

(2)服务设施及无障碍设计

通过该美术馆多年的使用统计,美术馆每天的参观人数在1000人次左右,按分批次、分楼层计算,首层观众人数最多不会超过300人,在东、西门厅布置了两男两女,4间卫生间,共14个厕位,完全满足使用要求,另外各层展厅均有卫生间可供使用。在首层北侧布置了贵宾室和专用卫生间,并设计了便捷的内外交通线路,使得美术馆为今后的重要展览配备了完善的设施。南侧主门厅两侧设有残疾人专用坡道,东西门厅卫生间设有残疾人专用厕位,大厅内设有可供残疾人使用的电梯,真正实现残疾人在主楼内无障碍通行。另外,楼内设有观众存衣间、休息处、公用电话等服务设施。

(3)交通组织

保留中央大厅东西两侧原有楼梯及电梯。东西门厅增设大型双门无机房电梯,从地下一层至地上三层,满足地下室与地面各层的联系,并兼作消防梯;4部楼梯和4部电梯供主楼作垂直交通用,其分散于中央大厅和东、西门厅,使观众可以方便快捷地到达各楼层展厅。一层东西两侧的存衣间内增设通往一层夹层的楼梯,以解决东西门厅增加电梯后一层夹层的交通问题。

2. 扩建部分建筑设计

扩建部分分为地上和地下两部分。地上部分位于用地东北角,与画库呈对称位置。一层为职工餐厅的厨房及展览包装准备用房,二层为职工餐厅。

地下部分为两层。地下一层,将原主楼中的设备移出,与扩建部分的地下室连通;原主楼东西两侧地下室外墙向外扩,形成通道,以解决增加电梯后的交通问题。扩建部分地下一层包括设备用房、后勤办公用房、展览包装准备用房等。扩建部分地下二层为设备用房。

3. 展厅照明及主要装修设计

一层综合展厅、东西侧厅、二层和三层东西侧厅采用人工照明,一层4个角厅采用自然采光与人工照明相结合的方式,其他空间以人工照明为主。展厅的所有照明(包括自然光与人工光)均采用滤红滤紫设备保护展品,并可以智能调节照度,满足多种展示需求。以自然光带(人工光带)、洗墙灯、轨道射灯及发光顶棚为照明组合,按国际展示标准布置。

主要装修材料一层大厅地面、墙面选用深米黄色罗马洞石错缝干挂,以灰白色勾缝,突出艺术殿堂的厚重和文化感。二至四层大厅地面、墙面均以国产锈石为主(与建筑外墙材料风格统一),展厅墙面为轻质展板附加展示配件,一层东西侧沿展墙做玻璃展柜和活动展板。各层展厅吊顶为石膏板面层;部分展厅增设轨道隔断,形成多种展示流线。中央大厅和东西侧门厅采用进口吸声板材吊顶,维持原有花饰及灯饰保留原风格,为门厅举行展览开幕仪式和展品发布提供良好的环境效果。外门及各展厅内门均为恢复原纹样的装饰铜门。

因原主楼扩建及改建部分大跨度结构要求屋面荷载尽量要少,所以屋面均采用40mm厚硬质聚氨酯泡沫塑料防水保温屋面。

难点回顾

1. 封闭原天窗,角厅去除32根柱子,沿展墙开设智能天窗采光系统

戴先生的原设计是将采光天窗设在展厅中部的顶棚上,在使用中会造成二次眩光,影响观展效果。实际这部分天窗在第二次改造时已经将其封闭。此次改造设计是根据当代展陈的设计要求,在展厅四周沿展墙的屋顶处开设天窗,天窗为双层中空防红外线防紫外线隔热玻璃,

4   5   6   7

8   9   10

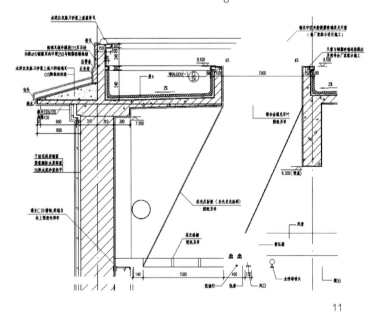 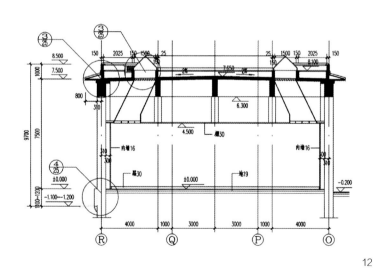

11   12

4~5. 改造后角厅
6~7. 智能天窗采光系统
8~10. 除去柱子前、后的角厅
11. 新增天窗采光详图
12. 除去柱子后的角厅屋面详图

13. 砖墙面剔凿180mm×240mm断面的燕尾槽，植筋现浇构造柱预埋件，干挂石材
14. 空鼓的面砖
15~16. 保留琉璃花饰翻样后放大重新烧制

 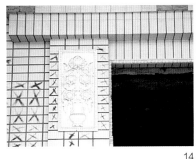  

13　　14　　15　　16

下层为调光百叶，并通过电脑控制。采光天窗结合吊顶，设置合理的反射面，实现自然光高效均匀地反射到展墙上。

原角厅设计受技术条件的影响，每个角厅各有8根柱子，严重影响观展，结合屋顶采光天窗改造，将角厅屋面整体拆除，重新实施大跨度无柱空间。大跨度屋面既不能有柱子，又要在沿墙周边开设天窗，采用钢筋混凝土梁板结构，在原结构墙上打出构造柱，植筋，与梁现浇成为整体。改造后的角厅宽敞明亮，墙面照度均匀。

2. 通过拉拔试验，在原砖墙上干挂石材，琉璃花饰翻新

由于原62砖墙外表面所贴的面砖空鼓和剥落严重，根据文化部的要求，此次改造要将面砖全部改为干挂石材。戴先生在原设计中选用10cmX20cm的面砖与瓦当檐口所形成的微妙的比例关系是原设计的精髓所在。但干挂石材又由于材块大小的限制不可能做得那么小，而且石材本身也要体现石材的厚重感和体积感，所以选择的石材要有一定的大小尺寸和厚度。另外，干挂石材背后需要有龙骨，而且龙骨一般是与结构主体相连，直接固定在砖墙上的先例还没有。我们勘察了现场砖墙的状况，发现20世纪60年代所建造的砖墙强度不够，为慎重起见，我们现场做了砖墙拉拔试验，以检测砖墙的强度。经过对试验数据的分析和方案的讨论，我们决定在62砖墙上剔凿180mmX240mm断面的燕尾槽，上下贯通与圈梁联系，在燕尾槽和与圈梁相接处植筋，预留埋件，浇注混凝土，以此形成2m间距的构造柱，作为干挂石材的龙骨安装基础。石材尺寸的选择是关键，在研究了原设计面砖之间的比例关系后，将干挂石材的尺寸沿袭1:2的比例，同时考虑原62砖墙的强度，及墙上开设燕尾槽现浇构造柱的合理间距，将石材大小定为600mmX1200mm。

石材规格尺寸定好后，新问题又出来了，原设计的面砖是直接粘贴在砖墙上的，面层做法只有3.5cm，而干挂石材最小的施工工艺也要求有10cm左右，这就会造成建筑外饰面的膨胀，窗户和门的尺寸会相应减小，原有琉璃花饰将统统无法保留。我们经过慎重研究，决定采用单层龙骨的方法将干挂石材的外凸尺寸减到最小，琉璃花饰翻图按原样比例适当放大，重新烧制，配合干挂石材形成整体效果。

外立面干挂石材在经过现场试验、专家论证和样板墙群众投票后终于实施了。落架后实际效果得到了文化部领导、甲方、专家和百姓的认同。但我们仍旧感到有一些遗憾，那就是由于原62砖墙上开凿燕尾槽现浇构造柱的间距受砖墙强度的制约不能过密，所以外挂石材没有能实现内部墙面干挂石材的错缝布置，显得在追求古典韵味上略有不足。这也是一点无奈的遗憾吧。

除了上述两点之外，其实还有许多难点，诸如展厅楼板高强钢绞线喷射混凝土加固技术解决装饰石材地面过厚的问题、北侧地下室基础处理问题、原主体建筑地下室外扩问题、四层画家交流中心解决消防疏散问题、展厅的恒温恒湿控制的问题、原花饰木门改为铸铜防火门的问题、在不破坏原空间和外立面造型的前提下增加两部客梯的问题，等等。

对自己的评价

在这个项目里我们并不希望被人表扬我们有什么创意，我们只企盼我们的努力给这幢文化的殿堂，给这个前辈的精品做一点有益的补充和完善。如果我们的工作还算贴切、恰当的话，那么就是对我们在这个项目中的工作的最好评价。

研读大师的作品，教诲我们做一个尊重历史、讲求文化、关注细节、关注使用者的建筑师。

我们就是怀着这样一颗对前辈大师的作品充满敬意的心，在尊重原设计的前提下，运用当今先进的技术手段，从每一个细部着手，一点点，一滴滴地去完成这次改造的。项目改造竣工后召开了若干次的美术家、建筑师、文艺界的研讨会，普遍得到肯定。但我们做得还很不够，还有很多大师的东西没能领会和发扬，这些遗憾一定会是我们今后不断进取的动力。

本文引自作者发表于《建筑创作》的文章

建筑师的职业是十分繁杂的，建筑创作就是合理、贴切而性格地将空间进行组合、重复、变化和重构的劳动，在当今文化多元化背景下的建筑创作是有理由快乐的，因为只要你用心，建筑总会给你带来惊喜。

清华大学综合体育中心
Tsinghua University Sports Center

建造地点	清华大学校内
建设单位	清华大学
建筑性质	综合体育馆
用地面积	4.09hm²
总建筑面积	1.26万m²（4700座）
建筑层数	3层
建筑高度	16.4m
容积率	0.3
设计单位	清华大学建筑设计研究院
设计人员	庄惟敏、郑 方、索勇锋
设计时间	1998.12~2000.05
竣工时间	2001.12
获奖情况	获2003年教育部优秀建筑设计二等奖
	获2003年建设部部级优秀勘察设计三等奖

1

1. 综合体育中心实景
2. 外立面局部

本项目位于清华大学校园东区，沿主楼中轴线上，与东大操场围合成一个体育中心区。综合体育中心是一座集体育比赛、训练、教学、会议、演出为一体的综合性场馆，比赛场地最大55m×35m。座席由固定座席和活动座席组成共5000座，设有主席台和裁判席，一层设有运动员训练房、贵宾室等辅助用房。比赛大厅结构上采用110m跨度钢筋混凝土大拱，悬挂轻型屋面，体现体育建筑的力量美。两拱之间为采光天窗，充分利用自然光线进行平时的训练及教学。

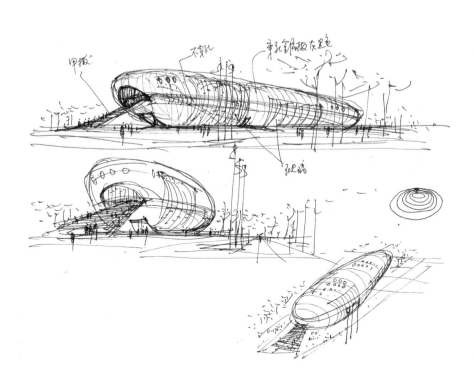

如果说建筑是凝固的音乐的话,那么建筑设计就是一部多意志的交响曲。

清华大学游泳跳水馆
Tsinghua University Swimming Venue

建造地点	北京
建筑性质	体育设施
建筑面积	9640m²
设计单位	清华大学建筑设计研究院
设计人员	庄惟敏、叶 菁等
设计时间	1999年
竣工时间	2001年
获奖情况	获2001年第八届首都十佳建筑设计奖
	获2001年教育部优秀建筑设计二等奖
	获2001年建设部部级优秀勘察设计三等奖

本项目位于清华大学校园东区，沿主楼中轴线北侧，与拟建的综合球类馆对称布局，和东大操场围合成校园东北部的体育场馆区。游泳跳水馆内设有50m×25m标准游泳池、25m×25m的跳水池，可进行十米跳台跳水比赛、训练及教学。比赛大厅可容纳800座席，并设有运动员休息室、贵宾室、陆上训练等辅助房间。

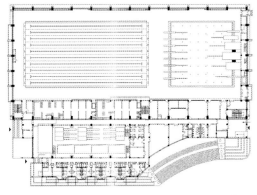

1

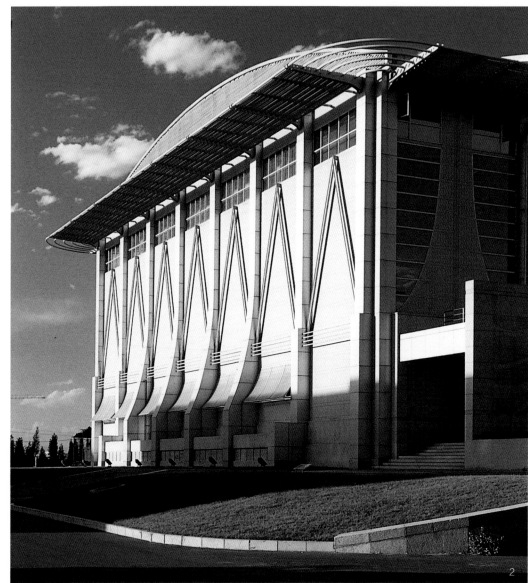

2

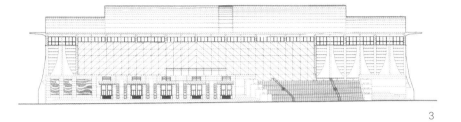

1. 首层平面图
2. 西南面外景
3. 南立面图
4. 南面外景

清华大学综合体育中心和游泳馆
Tsinghua University Sports Center and Swimming Venue

文 / 庄惟敏

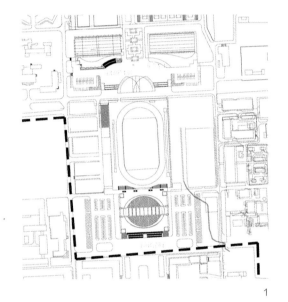

1

在美丽的清华园的东北侧，有一组全新的体育建筑于清华大学建校九十周年之际矗立了起来，这就是清华大学综合体育中心和清华大学游泳馆，这两幢建筑以其独特的造型和现代化设施为清华建成一流的大学和美丽的校园景观增添了亮丽的一笔。

清华大学东北区体育场馆位于东区主楼轴线北端，规划建设用地面积约为64680m²。北区体育场馆区分期建设实施，第一期完成综合体育中心和游泳馆；第二期将完成东大操场改造和多层球类练习馆的建设。考虑学校的长远发展计划以及一流大学的特色，总体规划设计方案构思有以下四个特点：

1. 用地相对集中。将第一期的综合体育馆、游泳馆，第二期的球类综合练习馆、足球、篮球练习场及体育辅助建筑，总量约40000m²建筑面积的场馆统一规划，分期实施。将游泳馆、球类综合练习馆并排设置在用地北端，并半围合成前广场，以供人流集散。其北侧留出大部分空地作为室外练习场和发展用地，疏密得当，使用地达到最高效益。

2. 体育设施规划设计完整，形成东区的体育场馆群。游泳馆和综合球类馆与东大操场、看台及轴线南侧的综合体育中心共同形成清华东北区体育活动中心建筑群。室内场馆与室外体育活动场地配套使用，既可满足学生教工上课及锻炼需要，又可兼顾家属区人员的使用。同时中心临近清华校园规划的东门，在未来的大型国际国内比赛中可形成一个对外开放、使用便捷的新体育中心。

1. 总平面图
2. 游泳馆主立面
3. 游泳馆双曲面玻璃幕墙六脚爪点
4. 比赛池

2

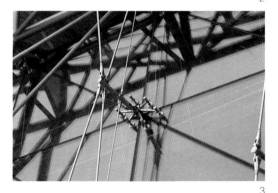

3

3. 游泳馆与球类练习馆沿清华东区主楼中轴线两侧布置，与中轴线上的校门、主楼、体育中心、东大操场共同形成一条丰富、规整而有变化的空间序列。游泳馆与球类练习馆分设于轴线两侧，中间以开敞绿化广场相连，中轴线穿过绿化广场与北侧室外训练场相通，将东区体育中心连成一个有张有弛、有疏有密、有围有放的完整而丰富的体育活动区，同时使清华东区主轴线有一个完整的结束。

4. 考虑发展，一次规划分期建设。大学的用地是有限的，清华要成为21世纪的世界一流大学，建设是一个最重要的环节，而如何最有效地利用有限的土地，并考虑和展望未来的发展是校园建设的关键所在。本规划设计在总体布局和建设项目的确定上，就充分考虑到未来的发展以及校园建设的整体性，一次规划分期实施，将两个主要场馆沿轴线两侧分设，中间留有绿化广场，正是考虑了分期建设的可行性。

游泳馆

体育场馆区北端，由中部一条东西向道路自然分为南北两块。南侧主要为游泳馆和球类练习馆建设用地，与东大操场及体育中心形成一个半围合的体育中心，北侧为开敞室外训练场，场内有必要的辅助建筑。

游泳馆和球类练习馆，主立面和主入口向南，南侧为前广场，解决人流集散和停车问题。两馆中间为开敞公共绿地，绿地中设有花架和小品并可联系两馆的使用。公共绿地可将前广场与用地北侧室外训练场相连，便于人流活动。

4

游泳跳水馆建筑面积9640m²，内设有50m×25m标准的游泳池、25m×25m十米跳台跳水池和热身池，是目前国内高校中设备最完备，条件最好的游泳跳水专业训练比赛馆之一。可进行国际和国内的跳水比赛及训练与教学，设有国内一流的陆上训练场地。比赛大厅可容纳800个座席，并设有运动员休息、贵宾室等辅助用房。平时对外开放，可同时容纳300人游泳。

游泳馆主体建筑强调自身的动感造型，屋顶采用大跨度空间网架，造型舒展奔放。附属裙房围合成半圆形前广场，与绿化、小品结合，丰富公共空间。裙房屋顶作为大平台，既可为比赛观众疏散之用，又可为学生提供平时交流场所。

作为高校的游泳跳水馆，其集教学、训练、健身、比赛为一体的特定使用特征决定了该馆的设计应以实用为主，即尽量扩大比赛和训练场地，而附属空间如前厅、休息厅等则在满足使用的前提下做到经济合理和高效。在进行该馆的平面和空间设计时将比赛大厅尽量做得宽敞，满足游泳和跳水比赛的要求，而在二层比赛大厅的南侧以一条双曲线勾画出前厅休息厅，平面设计紧凑，空间变化而富有生气。也就是这条双曲线使我们产生了利用玻璃幕墙造型的冲动。强调自身的动感与变化，以优美的曲线，律动的空间，喻示游泳跳水项目的内在精神和特征。

众所周知，玻璃是建筑最重要的造型元素之一，它的通透、光影、曲面、折反射和流动等特性无不使建筑师心驰神往。许多建筑大师都以玻璃设计精美绝伦的造型闻

5. 综合体育中心
6. 综合体育中心观众厅

名于世。玻璃在建筑中的运用更是由于近年来点支式玻璃技术的研究和推广，为建筑师在建筑的造型上提供了更广阔的创作天地。

游泳馆前厅休息厅的玻璃幕墙是双曲面的，这在同类项目的设计、施工和建造中是有相当的难度的，在国内也不多见。通常的矩形点式玻璃由于无法达到四点不共面的要求，根本无法构筑出舒展、飘逸、富于变化的有感染力的空间造型。我们在设计中将传统矩形的玻璃单元，沿对角线一分为二，形成两个三角形单元体，既解决了四点不共面的问题，使双曲面得以平滑舒展，又增加了玻璃幕墙的肌理感，不锈钢支点也由于三角单元而由原来的四爪变为六爪，使大片的幕墙看上去更有细部。

建造完成的双曲面点支式玻璃幕墙，造型舒展奔放，寓意雄鹰展翅，又像是游泳运动员划击的水中波浪，与主体建筑巧妙结合，衬托出这一游泳跳水馆独特的个性和鲜明的形象。

综合体育中心

综合体育中心位于东北部体育场馆区与主楼中轴线中段，与现东大操场融为一体，总建筑面积12600m²。

综合体育中心可容纳观众5000人，地上3层，是一座可供篮球、排球、手球、乒乓球、羽毛球及体操、击剑、武术等体育比赛和集会、文艺演出等大型综合文体活动的多功能体育馆。

综合体育中心考虑到清华校园东北区室外体育运动设施

与建设中的游泳馆的关系，并尊重校园空间架构，完善东区主楼轴线序列，在总体布局上将体育馆主体与北侧东大操场看台联结成一个整体，北侧中部布置部分室外看台，与东大操场现有及规划看台形成一个围合趋势，并与北侧游泳馆和规划球类练习馆共同形成一个完整的体育运动区。该区沿主楼轴线呈左对称布局，空间序列完整清晰，功能分区明确。

综合体育中心南、东、西分别设有出入口，北侧通过与东大操场间的过渡连廊也设有一个出入口，结合出入口在南、东、西三个方向布置有集散广场，以解决大量人流及机动车的疏散问题。考虑到校园体育活动的特点，在东西两侧设有大面积的自行车停车场。

体育馆设5000座观众厅，其中固定看台2654座。比赛场地55m×35m，可进行手球等比赛项目。平时布置3块篮球场供学生训练及体育课使用。首层布置内场用房。运动员及裁判用房主要布置在场地南侧，包括运动员更衣、淋浴、休息室、裁判休息室等。东西侧布置部分训练用房，包括击剑、舞蹈健美、重竞技、力量练习室等。贵宾休息及接见布置在北侧。二层结合休息厅设观众卫生间、饮水等。首层设直燃机房、变配电室、泵房及空调机房等设备用房。比赛大厅采用全空气系统。计时计分，声控光控等均设在三层环廊。首层层高4.5m，比赛大厅最低18m，可满足各类比赛高度要求。

综合体育馆主体结构采用两条108m跨度的钢筋混凝土变截面箱型拱梁悬吊屋盖及马道天窗，观众厅部分采用工字型截面的钢桁架梁与大拱梁和框架梁相连系共同构成大跨度比赛大厅空间结构，力求以结构造型体现体育建筑的内在精神和外在特征。立面处理强调体育建筑的鲜明个性，采用大尺度结构构件与细巧的钢结构及金属屋面形成强烈对比，显示清晰的结构逻辑。平台及首层广场以绿化、雕塑、小品处理，丰富校园空间，完整校园主楼后区的对称布局。

清华大学综合体育中心和游泳馆将作为2001年世界大学生运动会篮球和跳水比赛的场馆，大运会的第一块金牌将在这里产生，它将成为中国大学生走向世界的一个出发点。同时该馆由于作为有奥运跳水冠军伏明霞为主力和奥运金牌教练于芬为指导的清华大学跳水队的训练基地，也将成为令人瞩目的体育和艺术的殿堂。

莎士比亚说过:"诗人的想象力在于使意义赋形"。在天桥剧场翻建工程中,我们力图通过对建筑的形象与空间的创造,把剧场的文化内涵与所在地的"场所精神"表达出来。

天桥剧场翻建工程
Tianqiao Opera House Renovation Works

建设地点	北京
建设单位	文化部
建筑性质	观演建筑
建筑规模	1237座
用地面积	7800 m²
总建筑面积	23000 m²
容 积 率	2.95
建筑层数	地上5层，地下2层
建筑高度	观众厅高23m，休息厅、后台高19.4m，舞台高31.5m
设计单位	清华大学建筑设计研究院
设计人员	李道增、庄惟敏、黄宏喜
竣工时间	2001年
获奖情况	获第三届'96首都十佳公建设计第一名
	获第三届'96首都建筑艺术创作优秀设计二等奖（一等奖空缺）
	获2003年教育部优秀建筑设计二等奖
	获2003年建设部部级优秀勘察设计三等奖
	获2009年建筑学会建筑创作大奖

天桥剧场位于北京市宣武区(今西城区)北纬路30号，北临北纬路，西临福长街，东临新农街，南临福长街小学，重建于原天桥剧场旧址，是一座以演出舞剧为主，同时满足大型歌舞剧演出的综合性文化观演建筑。

天桥剧场是以演出高雅艺术芭蕾舞剧为主的剧场，位于被称为北京民俗文化发祥地之一的天桥。"酒旗戏鼓天桥市，多少游人不忆家"是当年对天桥"场所精神"生动的写照。莎士比亚说过："诗人的想象力在于使意义赋形"。我们通过对建筑的形象与空间的创造，把剧场之文化内涵与所在地的"场所精神"表达出来。运用了既简洁、明快、大方、庄重，又丰富、细腻、活泼、可亲的兼有北京地方色彩与时代精神的造型手法来表现剧场的高雅与民俗相结合的艺术特色。

剧场总体布局承袭原天桥剧场格局，自西向东分为四部分，第一部分为向城市开敞的文化广场，将市民的文化生活与之紧密结合，广场上设有灯饰、座椅和雕塑，形成一个由城市到剧场的丰富的过渡空间；第二部分为观众厅前厅及休息厅，在入口的大厅的正面墙上设计有反映芭蕾艺术的大型浮雕，两侧有旋转大楼梯，可通向各层休息厅，前厅还设计有三组华丽的艺术吊灯，烘托艺术殿堂的气氛；第三部分为观众厅，观众厅设计为3层，一层池座，二层豪华包厢，三层挑台，豪华包厢后均设有与之配套的贵宾休息室，观众厅可容纳1237席，池座设有无障碍席；第四部分为升降乐池、舞台、大、中、小化妆间及组合排练厅，并在二至五层设计有演员之家及办公用房。

舞台尺寸为31m×21.6m，采用双层榆木弓子实木为龙骨，面层楸木面板，满足芭蕾舞表演对高弹性和柔韧的要求。剧场地下室为停车库和设备用房。

全楼采用集中空调系统，并设有保安监控和楼宇自控系统。

剧场观众厅声学设计充分满足自然声的要求，大厅造型及墙面装饰、扩散体的设置均考虑适合歌舞剧观演的混响及声场要求，保证厅堂音质自然、丰满和均匀。

整个建筑考虑无障碍设计。设有无障碍席位，残疾人员可由电梯直达观众厅。

剧场外观造型及装饰力求反映观演建筑的文化气质，突出艺术的内涵。剧场东立面采用对称构图，两侧花岗石墙分段与中部石雕拱券形成古典的构图比例，拱券、檐口及雨罩均设计有卷叶花的石雕纹样，配合正中金色的芭蕾纹样雕塑体现出艺术殿堂的华美和浪漫的风格，同时又具有时代特色。

剧场整体轮廓线丰富，虚实对比，与环境结合，在树木和绿草的掩映中以及夜晚灯光的烘托下给京城增添了一道亮丽的风景线。

1

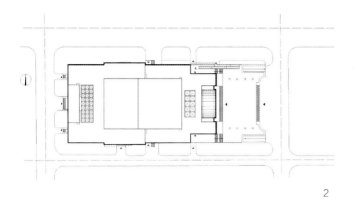

2

3

1. 入口大厅正面墙上反映芭蕾艺术的大型浮雕
2. 总平面图
3. 外立面实景

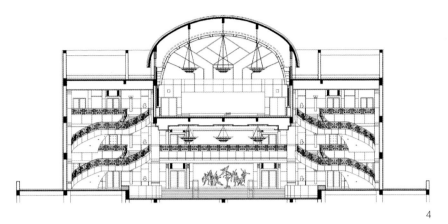

4. 前厅多功能厅剖面
5. 建筑内部实景
6. 观众厅实景

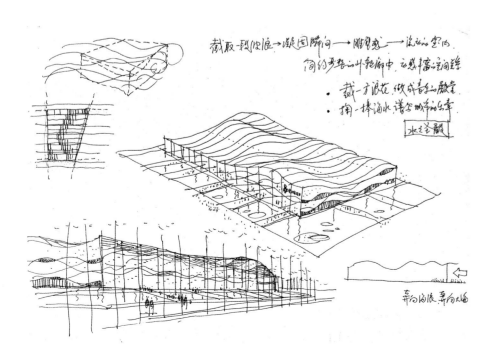

建筑创作如同作文章，做到精辟而言简意赅很难。自顾自华丽词藻的堆砌，显然有炫耀之谀，这种不顾社会反响自我标榜的创作已很难为公众所接受。因此"度"的把握就成为表达建筑师思想的关键。

中国戏曲学院迁建工程综合排演场
Rehearsal Hall of National Academy of Chinese Theatre Arts

建造地点	中国戏曲学院万泉寺校区
建设单位	文化部文化设施建筑管理中心
建筑性质	观演建筑
用地面积	5.4hm^2（校园总用地）
总建筑面积	9860m^2
建筑层数	地上4层，地下1层
建筑高度	16.2m
容积率	0.957（校园总体）
设计人员	庄惟敏、巫晓红
设计时间	1997.04~1998.06
竣工时间	1999.09
获奖情况	获2001年教育部优秀建筑设计二等奖
	获2001年建设部部级优秀勘察设计二等奖
	获全国第十届优秀工程设计项目铜质奖

总体布局与环境设计

综合排演场位于校园西南角，与教学主楼、行政办公楼一起围合成校园前广场。排演场布局将小剧场靠近主楼一侧，与大剧场咬合布局，最大地节省占地面积并形成逐层叠退的空间格局与主楼形成呼应关系。排演场南侧主入口设相对独立的疏散广场，与东侧校园前广场绿地连通。其间设"日月欢歌"主题雕塑，与排演场入口台阶、台座及四周花池的绿化等小品构成一个亲切而富有戏剧韵味的建筑环境。

功能分区与空间序列

综合排演场由一个800座大剧场和200座的小剧场组成。大剧场主入口朝南，后台设在北侧，观众厅两侧为休息廊及辅助用房，小剧场则相反。如此布局，巧妙地解决了大小剧场不同性质人流的交叉问题，同时大小剧场由连廊相通。排演场平面功能布局合理，流线清晰。在空间序列的组织上，我们创造了一个由广场、大台阶、门廊灰空间、前厅、休息厅、观众厅到舞台这样一个渐进的戏剧性空间序列。并运用色彩、材质的对比和简化传统素材作为符号语言来烘托空间气氛，并利用层高变化，使空间错落穿插，极具变化。

观众厅舞台设计

排演场观众席采取等距升起（每排15cm），升起值较大，最远视距仅21m，楼座俯角20°，观赏戏曲表演视线极佳。大剧场观众厅为环抱状弧形墙，侧墙采用弧面扩散处理以保证声场均匀。顶棚弧面反射板，入口声闸，后墙吸声软包等声学处理，保证观众厅有良好的声学效果。混响时间中频（500~1000HZ）为1.2(±0.1)秒。大剧场舞台24m×21m，双侧台，台口16m×10m；前设升降乐池，主台设升降块，工作天桥三道，网架下设栅顶；舞台设防火钢幕、假台口、幕布灯光吊杆56道。剧场的舞台机械、声光等工艺较为复杂，在排演场设计中我们不仅解决了许多技术问题，同时很好与室内空间设计相结合，创造了一个视觉、听觉、感觉均佳的观演空间。

建筑立面造型设计

排演场无论在建筑造型（体量关系处理、叠退的片墙处理）、立面处理（门窗分格、菱形母题的运用），还是颜色材质（红色面砖、不锈钢和樱花红石材）都与校园整体风格协调一致。端庄、现代、又具传统特点。同时为加强剧场戏剧与浪漫的文化气质，采用一些装饰手法。主入口处结合大台阶设计一片墙体，中部开口为菱形母题的不锈钢漏窗和坡檐，使总体立面完整形象鲜明；墙体与门厅墙面形成门廊灰空间，顶部是由不锈钢格栅组成菱形图案藻井，丰富了空间层次，加强了建筑的时代感和浪漫气质；立面檐口均加高与主楼在体量上平衡，并设计漏空方窗与之呼应，形成统一的建筑风格，既烘托了主楼，又有自己的特色。

1

1. 外立面
2. 大观众厅室内效果
3. 大观众厅侧墙光影效果

关于"度"的感悟
—— 中国戏曲学院迁建工程综合排演场设计随想
Reflections on "Extent" - Relocation Works of National Academy of Chinese Theatre Arts

文 / 庄惟敏 巫晓红

以前曾发表过几篇文章谈到"建筑创作的平常心"问题。每每看到以标新立异而被修饰得冗繁而无序的建筑立面时，总是会感到如芒刺背，如骨鲠喉，上下都不自在，于是总想大声叫喊出来，请建筑师们多多笔下留情。可倘若细究如何的"平常心"，却又无法尽释，将创作置于一种郁闷的境地中。两年前开始投入中国戏曲学院迁建工程的设计直至今天建成使用，倒是从中悟出了一些道理。

中国戏曲学院迁建工程，位于北京市西南部三环路以里万泉寺，是在一片空地上兴建起来的全新的校园，它占地54296m²，建筑面积54830m²，是全国乃至世界唯一一所研究中国传统戏剧、培养中国传统戏剧表演人才的高等学府。中国戏曲学院迁建工程综合排演场是新校园中的重要建筑之一，由可容纳800座的大排演场和200座的小排演场组成。下面就结合这一工程的设计谈些感想。

对建筑设计"度"的把握是建筑创作平常心的实际体现

建筑创作如同作文章，有感而发，扬扬洒洒，做到精辟而言简意赅却是很难。自顾自华丽词藻的堆砌，显然有炫耀之谀，这种不顾社会反响自我标榜的创作已很难为公众所接受。因此"度"的把握就成为表达建筑师思想的关键，如何精确全面地向公众传达内在的信息，洗练而简约地表述创作思想，同时又给公众留有思考、遐想的余地，应该成为建筑师追求的一种境界。诚然，达到这种境界是有难度的。

由于中国戏曲学院是一个全新校园的建设，它给了建筑师一个绝好的表现机会，一张白纸可以尽情地挥洒。然而正如前面讲到的"度"的把握成为我们创作的一个基本尺度。在平面布局中以功能为第一出发点，首先满足舞台、侧台、后台、观众厅、前厅、休息厅的布局，舍弃不必要的空间，使该建筑在校园有限的空间内尽量紧凑顺畅，并与校园其他建筑相得益彰。在建筑造型上力求简约，用现代的建筑符号诠释传统的文化内涵，叠退式的片墙使之与教学楼和行政办公楼围合成一个前广场。南侧正立面整片的墙面上用简约的手法强调功能与形式的统一，中部设计了由钢管制成的象征性的雨罩，与入口灰空间和大台阶结合，隐喻出戏剧脸谱的韵味。东侧立面整实的墙体由功能出发尽可能少地开窗，力求以简洁的建筑语言传达内在的信息，给人以联想的余地。整幢建筑严整、内敛而有细部，既是校园建筑群中有机的一员，又有剧场观演建筑戏剧化和个性化的特征。

对环境的认识与理解是建筑创作平常心的基本内容

中国戏曲学院迁建工程，虽然是一个在一片空地上建设起来的全新的校园，但先天的原因造成其用地极其紧张。在有限的用地内要求建设教学主楼、图书馆、行政办公楼、风雨操场、留学生宿舍、附属中学、综合排演等大小四个剧场以及教工宿舍和体育运动场等建筑，以满足现代化高等专业学校的功能要求，其容积率高达1.01。由戏剧学院教学内容和培养方式决定，其排演与观摩演出占教学很大份额，各类大小综合排演场及导演教室成为戏曲学院校园建筑中的重要组成。

综合排演场位于校园西南角，与主楼、行政办公楼围合成校园前广场。由于功能的原因综合排演场观众厅和舞台的高度及体量都很大，且开窗及立面分格等也与一般教学建筑不同。如何与校园内其他建筑协调，作好教学主楼的配角，是决定建筑群能否统一协调、浑然一体的

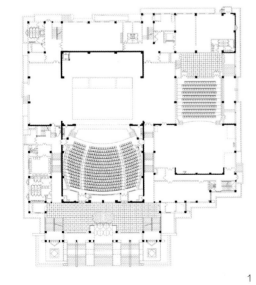

1

1. 首层平面图
2. 大排演场侧廊宫灯
3. 大排演场门廊灰空间

关键。所以我们在进行综合排演场单体设计的功能分区时将体量较大的800座大观众厅放在远离主楼一端，而将200座小观众厅设在靠近教学主楼一侧并与大排演场相咬合布局，最大地节省了占地面积，并以此形成逐层退进的空间格局，与主楼形成良好的呼应关系。在檐口处将大小观众厅女儿墙拉齐，开设与教学主楼和行政办公楼尺度相近的窗洞，并运用相同的外墙饰面材料和线脚分割，使之在体量、尺度和色彩上与校园整体环境相协调，对烘托校园总体气氛起到了很好的作用。

平常心与度的把握并非是无所作为

尽管在大格局、朝向和尺度上综合排演场是校园的附属建筑，但其空间的营造和细部的雕琢却是这样一幢文化建筑深刻内涵的体现。以平常心的态度把握好它在校园中的定位、尺度和主次关系，在烘托教学主楼和校园总体氛围的前提下进行单体建筑个性的营造，其创作是富有挑战性的。

在排演场单体建筑空间序列的组织上，我们创造出了一个由广场、大台阶、门廊灰空间，前厅、休息厅、观众厅到舞台这样一个不断烘托和递进观演气氛的戏剧性的空间序列。特别是门廊灰空间，顶部由不锈钢格栅和灯饰形成有中国传统特色的藻井样过渡空间，使人联想到中国传统戏剧空间的一进院落。灰空间反面正对排演场休息大厅的墙上装饰有8个不锈钢制成的抽象的戏曲雕谱，并设有投射灯光，既可在灰空间透过藻井看到，同时也是内侧休息大厅的对景。这样的灰空间在东侧小观众厅门廊处也有设置，加上门头简洁的线脚，使得在简约的大框架下，有尽可能丰富的细部表现。

如此的细部处理在整幢建筑中还有许多，它们都被制约于一个整合的大框架下，为教学主楼建筑群和校园总体环境起着烘托和渲染的作用。

从事建筑创作十几年，热爱之极每每倾注极大的热情投入而不可自拔。以前总怕没有想法，恨不得将所有的手法全部使上，事后逐渐明白平常心的道理，于是度的把握又使自己苦苦思索，此番算是有些感想并付诸实践，想来仍是很难很难，这大概也还是修养不到吧！

本文引自作者发表于《世界建筑》的文章

上海中心方案
Proposal: Shanghai Center

设计人员／庄惟敏、祁 斌等

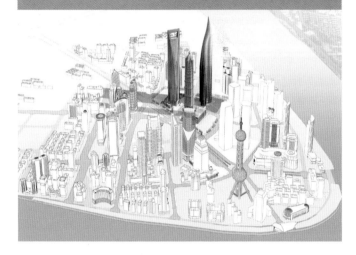

沈阳文化艺术中心方案
Proposal: Art Center of Shenyan

设计人员／庄惟敏、任 飞、章宇贵、章晶晶、董荣鑫等

天津德域大厦方案
Proposal: Tianjin Deyu Tower

设计人员／庄惟敏、任 飞等

中国美术馆鼓浪屿分馆方案
Proposal: China National Art Gallery Gulangyu Branch

设计人员／庄惟敏、张 维、王 禹、张 婷等

天津融侨渤龙湖总部基地西区工程方案
Proposal: Rongqiaobo Longfor Headquarters in Tianjing

设计人员／庄惟敏、苏 实、张 维等

渭南文化艺术中心方案
Proposal: Weinan Culture and Art Center

设计人员／庄惟敏、张 维、张 红

云南亚广影视信息传媒中心方案
Proposal: Yunnan Yaguang Media Center

设计人员／庄惟敏、姚 红、黄 柯等

北京电力科技馆方案
Proposal: Beijing Electrical Science Museum

设计人员／庄惟敏、张 维、杜 爽等

关于建筑的只言片语

文／庄惟敏

建筑创作的困惑

著名文艺评论家雷达说到："当下的中国文学，……总觉缺少了一些什么。究竟是什么呢，却又很难说得清。……为什么在今天，我们还出现不了伟大的作家，出现不了我们时代的莎士比亚、托尔斯泰、陀思妥耶夫斯基？出现不了新的曹雪芹？出现不了新的鲁迅或者胡适式的大家？……诚然，我们拥有不少优秀的富于才华的作家，……可是，与我们心目中"伟大"的目标相较，距离还是显而易见的。"（引自２００６年７月５日的《光明日报》雷达《当前文学创作症候分析》一文）。

今天的中国，建筑同文学一样进入了一个相对自由的环境，建筑师和作家们在创作层面上都享有了相对充分的自主权。可是依旧有相当多的人在大声质问：中国何以还是产生不出多少公认的大师、大作家大作品呢，根源究竟何在？或者换句话说，我们现在的建筑创作到底缺少些什么呢？

这并不是一个很好回答的问题。

我们可以发现目前我国建筑创作上的困惑源于两个尖锐的矛盾：一是设计短周期的市场需求与建筑师思想"库存"不足的矛盾。市场的需求迫使建筑进入了一个批量生产的时代。另一个是市场要求设计的出手快与创作本身的要求慢、要求精的规律发生了剧烈的矛盾。建筑创作是有规律的，不下苦工夫，就不可能创出精深之作。然而，建筑师的生存状态又迫使着建筑师要拼命地多出活，于是建筑师们就身陷这两大矛盾之中，不能自拔。显然现在的建筑创作缺乏长久深刻的考量，这是独创性缺失的要害。缺少原创的能力，却增大了畸形的复制能力，这是在当前流行总是压倒独创的浮华时代摆在国人建筑师面前最令人堪忧的景象。现时的中国建筑创作正被人批评为向文化荒芜方向滑去。

然而，矫枉过正的危险也同时显现出来，它导致了建筑创作的另一个极端，即刻意追求功能与空间以外的负荷。一时间创作似乎不谈理念，不提文化就被视为低能儿。建筑师的创作过程也由最基本的空间功能的研究，异化为所谓文化理念的发掘和加载的过程。（引自作者《建筑学报》2003年2期"关于建筑创作的泛意识形态论"）。泛意识形态论的思潮正令人担忧地蔓延开来，其后果则是导致产生大量所谓文化理念至上的躯壳下的一堆非功能化空间组合的垃圾。

当今建筑创作的两极化趋势经常令我陷入一种迷茫和无所适从的状态。

事实上，建筑也罢，建筑师也罢，当被赋予了过多的含义和责任时，必将导致其承载力所不能及，因之而导致虚假，这就是"建筑的失语"。纵观历史，建筑创作的精髓显然不是源自形而上的文化或理念的释意。柯布西耶在《走向新建筑》一书中说过，建筑与各种"风格"无关。密斯也说过，"……形式不是我们的目标，而是我们工作的结果。……我们的任务是把建筑活动从美学的投机中解放出来"（《创作》1923/2）。无论是畸形复制还是泛意识形态论，它们都构成了我国目前建筑创作中的误区，极大地阻碍了建筑创作的发展，而解决的办法就是坚持建筑创作中对建筑本原的研究。

对建筑创作的理解

建筑的精神意义被视为建筑的灵魂，所以建筑设计有时需要抛弃"空间"的本位。但刻意地追求以建筑表达建筑以外的东西，将会走入形式主义的圈套。现代主义强调使用功能的满足，这使建筑设计趋于同质化和教条，因而对现代主义的批判，且不断追求差异化竞争的今天，独特性成为了建筑创作卓尔不群的法宝，造成了形式主义猖獗，有时甚至使我们都忽略了建筑本质的存在，这是相当危险的。

思维方式是左右建筑创作的关键，它决定了我们创作的态度。

要做贴切的建筑。

对建筑师职业的理解

建筑师的职业是十分繁杂的，建筑创作就是合理、贴切而性格地将空间进行组合、重复、变化和重构的劳动。城市可视为简单结构的无限重复，人们通过对这些最小单元的重构来构建城市，所以建筑师应该从小处着眼。如果说建筑是凝固的音乐的话，那么建筑设计就是一部多意志的交响曲。在当今文化多元化背景下的建筑创作是有理由快乐的，因为只要你用心，建筑总会给你带来惊喜。

建筑空间的叙事性特征一直左右着我的创作状态，在我的创作过程中总是伴随着建筑空间中人们的生活，他们每每上演在我的笔与纸之间。

困惑、苦恼、感悟、惊喜与快乐构成了我建筑探求的前半生，毫无疑问它们将继续成为我职业生涯后半生的创作状态。这也让我觉得建筑师的工作总是充满着未知与挑战，充满着自省和洞察，是我热爱建筑的原动力。

A Few Words on Architecture

Zhuang Weimin

The Perplexity of Architectural Design
Renowned literature critic Lei Da once said, "there is something missing in contemporary Chinese literature. But it is hard to articulate. Today, we do not have great writers of our time. We do not have our Shakespeare, Tolstoy or Dostoyevsky. We do not have our Cao Xueqin. We do not have our masters like Lu Xun and Hu Shi… Yes, we do have some excellent and talented writers, but they still have a long way to travel before reaching 'greatness', the distance in-between is obvious." ("Analyses of Contemporary Literature" by Lei Da on *Guangming Daily* July 5th 2006)

Architecture is in the same situation as literature. Architects have full autocracy over their creative works as writers do today. But there are still voices asking: why are there so few widely recognized masters and masterpieces? What is the reason? In other words, what is lacking in our architectural creative works?

This is a hard question to answer.

One can realize that the perplexity of architecture in China comes from two sharp paradoxes: the first paradox is between the short-term market demands and the shallow reservoir of architects' thinking. This is an age of mass production for architecture under market pressure. The other paradox is between the urgency of market demands for speedy supplies of design and the laws of architectural creativity that require unhurried and refined work. Fine works could not be produced without due diligence. Nevertheless, the existential conditions force architects to produce designs with limited time and resources. The lacking of long-term thinking is the main reason for the loss of creativity. Chinese architects find themselves confronted by the most embarrassing scenario this gilded age, in which fads always triumph over creativity, has thrust before them, namely lack of originality coupled with a resultant morbid development of the competence of duplication. The realm of architecture is descending into a cultural desert.

However, there is simultaneously the danger of overloading for architectural works, i.e. the intentional pursuit of bearings other than function and space. All of a sudden those who undertake designing without mentioning concept or culture are deemed professionally incompetent. The creative process of architectural design is alienated from study of basic functions and spaces and results in the so-called pursuit of cultural concepts. ("On Pan-Ideologist Morphology in Architectural Design" in *Architectural Journal* No.2 2003) However, pan-ideologist thinking is spreading, and resulting in a pile of non-functional spatial garbage under the so-called culture supremacist skin.

The polarization trend in architectural design always makes me perplexed and baffled.

In fact, too much meaning and too many responsibilities have been ascribed to architecture and architects, which are already over their heads. It leads to falsification and "the architectural aphasia". We can see from history that the essence of architecture is obviously not metaphysical interpretations of culture or concept. Le Corbusier once said in *Towards A New Architecture*, architecture has nothing to do with "style". Mies van der Rohe also said, "…form is not our goal but the result of our work. …Our mission is to liberate architecture from the speculation of aesthetics." (*Creation* No.2 1923) Whether it be deformed duplication or pan-ideologist thinking that is to blame, they are all wrong directions in our architectural design which are impeding the development of architecture. The solution is to uphold the research on the origin of architecture in design works.

Understandings to Architectural Creation
The spiritual meaning of architecture is considered the soul of architecture; therefore, sometimes architectural design needs to free itself from the shackle of "space". But assiduous pursuit of things outside the building itself will lead to the trap of formalism. The modernist emphasized the fulfillment of function and eventually led to the widely criticized monotony and dogma. Today, when constant pursuit of differentiation is the order of the day, uniqueness has become the miraculous remedy, which again leads to formalism. It seems that the essence of architecture is easy to fall into oblivion. This is very dangerous.

Mode of thinking is the key influence on architectural design, which decides our attitude to the work.

We need to make appropriate architecture.

Understandings to the Architect Profession
The profession of architect is extremely multi-threaded. Architectural design is a work to rationally and appropriately compose, repeat, change and reconstruct spaces. A city could be considered the repetition of basic structures. People construct their cities by repeatedly reconstructing with these minimal units; therefore, architects shall start with small things. If we call architecture the frozen music, then architectural design is to compose polyphonic symphony. There is enough reason to be happy working under the pluralist cultural background today. If you are dedicated, the result will always bring you surprises.

The narrative feature of architectural space has always been pivotal in my design. People's lives in the spaces are always there during my design process, vividly performed between my pen and the sketch paper.

Perplexity, bafflement, understanding, surprise and happiness have been the themes of the first half of my career, and undoubtedly will be the status of the next half. This profession is full of the unknown and challenges, self-reflection and moments of insight. They constitute the driving force behind my love for architecture.

翻译：王 韬

图书在版编目（CIP）数据

筑·记/庄惟敏著.--北京：中国建筑工业出版社，2012.10
ISBN 978-7-112-14759-5

Ⅰ.①筑… Ⅱ.①庄… Ⅲ.①建筑设计-作品集-中国-现代 Ⅳ.①TU206

中国版本图书馆CIP数据核字（2012）第239006号

责任编辑：戴 静、王 韬、丁 夏
装帧设计：张 欣

筑·记
庄惟敏 著
*
中国建筑工业出版社出版、发行（北京西郊百万庄）
各地新华书店、建筑书店经销
利丰雅高印刷（深圳）有限公司制版、印刷
*
开本：889×1194毫米 1/12 印张：22 字数：30万字
2012年10月第一版 2012年10月第一次印刷
定价：280.00元
ISBN 978-7-112-14759-5
　　　（22844）

版权所有 翻印必究
如有印装质量问题，可寄本社退换

（邮政编码 100037）

项目摄影师索引
Photograhpers

项目	页码	摄影
华山游客中心	024 | 031	摄影：张广源、王成刚
北京建筑工程学院经管一环能学院	036 | 045	摄影：张广源
钓鱼台七号院	048 | 055	摄影：张广源
钓鱼台国宾馆3号楼和网球馆	058 | 065	摄影：张广源
北川抗震纪念园幸福园展览馆	068 | 075	摄影：张广源
长春中医药大学图书馆	078 | 083	摄影：陈瑶
云南财贸学院游泳馆	086 | 089	摄影：肖恭洁
浙江清华长三角研究院创业大厦	092 | 095	摄影：谈晓阳
丹东市第一医院	098 | 105	摄影：张广源
2008北京奥运会柔道、跆拳道比赛馆（北京科技大学体育馆）	108 | 117	摄影：张广源
2008北京奥运会射击馆	126 | 139	摄影：张广源
2008北京奥运会飞碟靶场	148 | 155	摄影：张广源
成都金沙遗址博物馆	160 | 169	摄影：舒赫、莫修权
清华大学专家公寓（一／二期）	174 | 181	摄影：张振光、莫修权、肖伟、庄惟敏
乔波冰雪世界滑雪馆及配套会议中心	184 | 189	摄影：肖伟
清华科技园科技大厦	196 | 201	摄影：陈溯、莫修权
清华大学信息技术研究院	208 | 213	摄影：陈溯
清华大学西区学生服务廊	216 | 217	摄影：庄惟敏、杜爽
中国美术馆改造装修工程	220 | 227	摄影：傅兴、庄惟敏
清华大学综合体育中心	236 | 237	摄影：莫修权
清华大学游泳跳水馆	240 | 241	摄影：朱宏、莫修权
天桥剧场翻建工程	248 | 251	摄影：吴刚
中国戏曲学院迁建工程综合排演场	254 | 255	摄影：朱宏、庄惟敏